U0690889

ひらめきを生む問題解決・アイデア発想のアプローチ60

思考模型

顶级高手思维和行为的根本解

思考法図鑑

[日]AND株式会社 著

中国青年出版社
CHINA YOUTH PRESS

SE
SHOEISHA

图书在版编目(CIP)数据

思考模型：顶级高手思维和行为的根本解 / 日本AND株式会社；黄悦生译.
—北京：中国青年出版社，2022.4
ISBN 978-7-5153-6564-0

Ⅰ.①思… Ⅱ.①小… ②宫… ③黄… Ⅲ.①思维方法 Ⅳ.①B80

中国版本图书馆CIP数据核字（2022）第022779号

思考模型：顶级高手思维和行为的根本解

作　　者：[日] AND株式会社
译　　者：黄悦生
策划编辑：刘　吉
责任编辑：肖　佳
美术编辑：张　艳
出　　版：中国青年出版社
发　　行：北京中青文文化传媒有限公司
电　　话：010-65511272 / 65516873
公司网址：www.cyb.com.cn
购书网址：zqwts.tmall.com
印　　刷：北京博海升彩色印刷有限公司
版　　次：2022年4月第1版
印　　次：2023年8月第2次印刷
开　　本：787mm × 1092mm　　1 / 16
字　　数：150千字
印　　张：12.5
京权图字：01-2020-4730
书　　号：ISBN 978-7-5153-6564-0
定　　价：69.00元

前言

即使看到同一个事物，听到同一件事情，每个人的想法也各不相同。当陷入困境时，有人会用出人意表的方法突破困境，有人会用超乎想象的独特创意改变现状。你周围也有这样的人吧——跟他一起共事，你的思考法会变得更活跃，即使大家的意见有分歧也能奇迹般地达成共识。

他们究竟是如何看待事物、理解事物，如何进行思考的呢？能否通过提升“思考”质量来提高解决问题的效率呢？——为此，本书将介绍前人留下的 60 种思考法，为你提供思考问题时的视点。

除了逻辑性思考法、批判性思考法等基本思考法之外，本书还广泛收入了各种适用于商务场合的思考法，有助于各位读者进行创意构思、规划事业、拟定策略以及学习和分析问题。“思考”是一种无形的行为，乍一看似乎很难。但其实我们随时都在思考，即使自己没有意识到。也就是说，每个人都具有增强思考能力的空间。希望各位读者能充分运用本书中的丰富素材，把握自己的思考状态，发挥自己的长处和个性。

我写这本书的主要目的是提高解决问题的准确度。同时，我还想和各位读者分享关于思考本身的乐趣和深意。比平时更深入地看待世界，将获得一种求知的愉悦感。——与各位读者分享这种愉悦感的愿望，正是鞭策我笔耕不辍的动力。我写此书的初衷，是为了给那些愿意真诚地正视问题、不放弃思考的人提供参考。但如果此书能成为各位读者提升“思考”层次的契机，让大家体会到“思考竟然是如此快乐”“以后应该更积极地进行思考”，我将感到无比欣慰。

最后，我要向以下各位表示感谢：为我制定“关于策划和市场营销的思考体系基础”的株式会社策划塾的高桥宪行先生，让我明白“立即行动”之重要性的高桥惠女士，与我一同在反复摸索中前行的各位客户，继我的前一部著作之后继续为此书担任编辑的翔泳社的秦先生，以及继续担任装帧设计的 Next Door Design 公司同仁。多谢你们。

小野义直

2019 年 10 月

本书的使用方法

本书对适用于各种商务场合的思考法进行逐一解说。尽管按各种应用场景做了分类，但思考法的应用方法并不是唯一的，请根据自己的情况加以灵活运用。此外，为方便读者进行应用实践，本书将所有的思考法制作成了模板（模板的下载方法请参考以下说明）。

第1章……提升思维的基础能力（10种方法）
第2章……提升创意构思能力（12种方法）
第3章……提升商业思考力（12种方法）
第4章……提升项目执行力（13种方法）
第5章……提升分析能力（13种方法）

● 附赠

本书所介绍的所有思考法，都制作成了PowerPoint模板，可以直接在电脑或平板电脑上使用，也可以打印出来仔细研究，或与团队成员一起填写。

PowerPoint模板文件的下载链接：

https://www.shoeisha.co.jp/book/present/9784798160948

版面介绍

本书的版面特色，是分为“思考法的解说页面”和“练习页面”。在“练习页面”中，会从思考法中挑选出几种来介绍更多的范例。本书还制作了“练习”的模板，请根据自身情况加以应用。

思考法的解说页面

练习页面

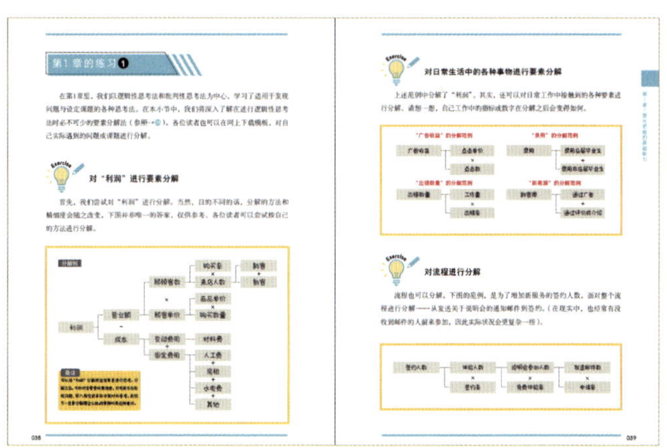

目 录

第3章 提升商业思考力

序章

如何灵活地运用思考法

如何灵活地运用思考法

在逐一讲解具体的思考法之前，先阐述一下有助于吸收这些思考法的视点。在进行某项活动时，如果有明确的目的，应该比漫无目的的状态效果更佳。因此，希望大家花些时间思考：读这本书的目的是什么？为了实现这个目的，应该用怎样的视点来读？

何为思考法

本书将“思考法”定义为：“旨在推导结论以解决问题的系统化思考流程和方法。”本书的目的，是希望通过提供大量素材，帮助各位读者提高对思考的理解，使自己的思考方法变得更丰富。

本书介绍的60种思考法，可以灵活运用于解决问题或处理工作，帮助你更好地把握思考对象、核心论点、构思过程以及立足点。在阅读本书时，请写下你目前遇到的问题或烦恼，随时问自己：“应该如何提升思考力，如何加速解决问题？”

着眼点

为了更好地理解各种思考法并融会贯通，我们应该着眼于以下三点：“这是什么样的思考法（What）”“为什么需要用这种思考法（Why）”“应该如何运用这种思考法（How）”。

在执笔过程中，我将以上三个着眼点进一步分解为右图的要素，并融入各种思考法的讲解中。各位在阅读本书时，不要只是漫不经心地输入与输出，而要意识到这些要素，一边思考，一边确认自己是

否真正理解了，这样才能更容易吸收把握。

经常反复问自己“为什么”“怎么做”

为了解决问题而进行思考时，需要进行各种提问。本书会介绍各种提问法与视点。不过，其中有两个应该随时意识到的基本问题，就是“为什么”和“怎么做”。

“为什么”的问题，适用于探寻目的或意义。例如，假设你想增加涩谷区的游客数，这时就需要思考“人为什么要旅游？”“为什么想增加涉谷区的游客数？”等根本问题。

而“怎么做”的问题，则适用于寻求解决方案或方法论。例如，“如何让外国游客了解涩谷？”“如何让游客的涩谷之行留下难忘的回忆”等。

在思考解决问题的方法或进行商业创意构思时，只要反复问这两个问题，就能把目的与具体行动结合起来。让我们不断地着眼于“应该思考什么？”“思考的意义是什么？”“怎样才能实现这些想法”，不断地深化思考。

思考与行动相辅相成

本书是一本讲解思考法、提倡思考的书，但我并不认为“思考比行动更重要”。思考与行动，就像汽车的左右轮子一样相辅相成。本书的基本态度是：“思考与行动不是矛盾的，同时提升这两种能力有助于培养解决问题的能力。”在此前提下，向大家介绍能提高思考力的核心方法。

也就是说，如果你仅仅通过阅读本书获得知识，那就称不上充分运用本书。关键是要随时意识到如何将获得的知识付诸行动。因此，建议各位在阅读本书时要设想某个具体的实际场合，例如：会议、讨论、创意构思、制作策划书和提案书、设定研究项目等，同时思考：“如果将这种思考法运用于这个场合，会有什么效果？”下次遇到相同场合时，就可以立即付诸实践。

思考法图鉴的应用层次

下一章就要开始介绍各种思考法了。大家在阅读时，如果能意识到以下三个阶段，就能获得更好的效果。

<思考法图鉴的应用层次>

第1层次 意识到自己的思考方式

第2层次 拓展自己的思维

第3层次 将自己的思考法理论化

第1层次 意识到自己的思考方式

在这个阶段，要了解自己的思考方式、习惯和特点。请随时意识到，某种思考法是与自己的想法相近还是从来都没有过？这个阶段很重要，因为如果不了解自己现有的思考方式，就不知道要改变什么。首先，请尝试把“无意识”变成“有意识”吧。

第2层次 拓展自己的思维

在把握自己的思考方式的基础上，吸收崭新的思考法，拓展自己的思维。这并非一朝一夕可以改变，需要经常回想并顽强地进化自己的思维。在这个阶段，可以在实际场合中尝试运用自己觉得不错的思考法。

第3层次 将自己的思考法理论化

第三个阶段，请尝试将自己的思考法上升为理论。也就是说，对自己获得成功的思考法进行归纳总结，升华为知识。只要能把立场从“阅读”转换为“创造”，就能更好地理解和吸收前人的经验之谈。希望你能充分运用本书，最终将其升级为“属于自己的书”。

第1章

提升思维的基础能力

01 逻辑性思考法

02 批判性思考法

03 演绎性思考法

04 归纳性思考法

05 假设推论法

06 要素分解法

07 MECE分析法

08 PAC思考法

09 后设思考法

10 辩论思考法

提升思维的基础能力

第1章将介绍解决问题时最基本的思考法。无论在任何场合下，逻辑性思考法、批判性思考法这些都是很重要的，而且也是第2章之后介绍的各种思考法的基础。现在就让我们先来强化有助于思考的基础能力吧。

逻辑性思考能力是一切思考力的基础

进行工作时，逻辑性思考能力是必不可少的。所谓的“逻辑性思考”，简而言之，就是像“因为○○，所以△△”这样把“提议和根据”“原因和结果”“目的和手段”联系在一起进行思考。这种时候，不仅停留在主观想法，还需要客观地看待事物、合理地进行思考的能力。我并不是说我们不需要主观想法或主观情感，但“逻辑性思考能力”是运用这些主观想法和情感的必要基础。此外，在第2章会阐述促进创造性思维的方法，要实现这些天马行空的创意，也需要有逻辑性思考能力。

要想提升逻辑性思考能力，请务必关注“演绎性思考法”、“归纳性思考法”和“假设推论法”等推论性的思考法。关于“演绎”和“归纳”，在那些教人如何演示策划方案以及写文章的书里也经常提到，所以大家对这两个词应该很熟悉吧。不过，即使知道“演绎”和“归纳”这两个词，要解释其意思的话，大多数人还是觉得有点难度的吧。在理解演绎和归纳的差异的过程中，既能学会逻辑性的思考方法，还能体会到思考的乐趣。

有什么想法就要输出

当思考进行到某种程度时，就不要仅仅停留于自己继续思考，而要尝试输出，获得客观的评价。输出的方法有很多，例如：向别人诉说，向别人演示，写在博客上分享出去等。当想法存在于自己头脑中时，你以为已经完全理解了；然而当你试图向别人传达时，就有可能出现无法传达的部分。——你大概也意识到，这些无法传达的部分，正是因为缺乏逻辑性思考能力。请积极地制造可以获得别人客观评价的机会，请别人从各种不同的角度审视自己的想法，这样才能提升思维的基础能力和韧性。

所谓“问题”，其实是“理想”与“现实”的差距

在第1章，我将重点介绍逻辑性思考法与批判性思考法，并学习如何准确地把握当前的问题或课题。先需要明确一下“问题”的定义。

本书将“问题”定义为“理想与现实之间的差距”。例如，理想状况是“在公司上班能兼顾育儿与工作”，而现实状况却是“每天加班”——“每天加班”的现实状况与理想存在“差距”，也就是“问题”所在。从发现问题到设定课题的大致流程如下图所示。

从发现问题到设定课题的流程

把理想与现实进行比较，将问题显现出来，这是发现问题的第一步。为了分析产生该问题的原因并消除之（即解决问题）而采取的行为，就是课题。作为解决方案，需要思考具体的行动内容。

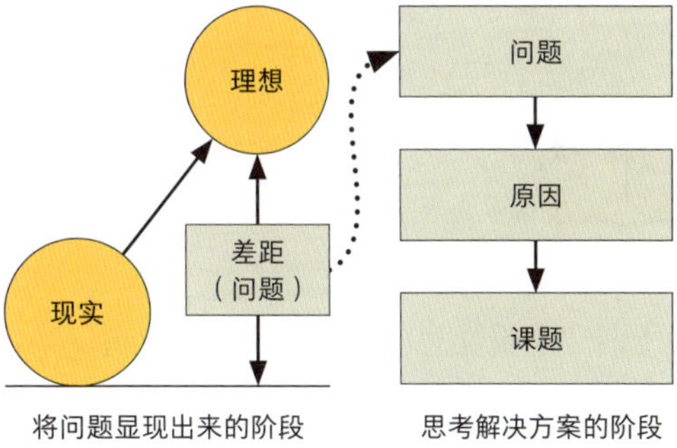

假设现在的问题是“每天加班”，则考虑产生该问题的原因，比如说“工作效率太低”“同事之间的协作太差”等。为了消除这些原因，可以设定“改善业务流程”“创建业务状况共享制度”等课题，再思考并实施可实现上述目标的具体行动内容。

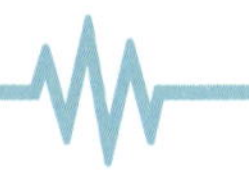

逻辑性思考法

明确找出结论与根据的关联性

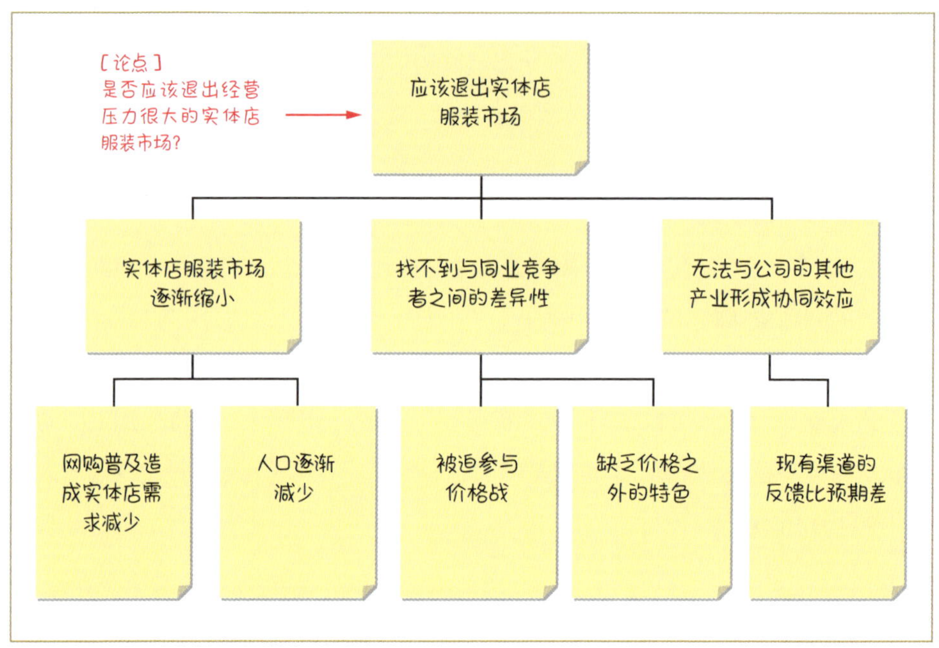

基本概念

所谓“逻辑性思考法”，是一种能明确结论与根据的关系、有助于客观合理地进行思考的方法。也可以说是通过“因为○○，所以△△”来联系各种要素的思考法。

如果结论和根据断裂开来，自己的想法就会迷失方向，无法让对方理解自己想要传达什么。为了避免陷入这种困境，需要进行条理清晰的思考。

逻辑性思考法这个概念包含了各种要素，本书重点说明如何在平时的思考中运用这样的视点：“结论与根据是否明确，是否恰当地结合在一起？”

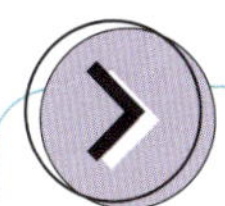

思路

❶ [确定论点] 把要思考的主题设定为“论点”。在上图的范例中，是将“是否应该退出经营压力很大的实体店服装市场？”设定为论点。

❷ [收集信息] 围绕着 ❶ 设定的论点，需要收集和整理有助于得出结论的相关信息。信息并非漫无目的就能收集到，应该事先对论点进行分析，并将所需信息的整体轮廓加以可视化，这样效果更佳。

❸ [思考能得出什么结论] 通过 ❷ 收集和整理好信息能得出什么结论——也就是对信息进行“解释”的步骤。思考各个信息的意义，最终目标是找出 ❶ 论点的结论。至于解读信息的基本思考法，主要包括：演绎性思考法（参照→03）、归纳性思考法（参照→04）、假设推论法（参照→05）。

❹ [梳理逻辑结构] 得到最终结论后，再从头到尾梳理一遍思考过程。在把握结论与根据的整体关系时，最有效的方法是将其整理成“以结论为顶点的金字塔结构”。通过“Why So（为何如此）”与“So What（因此）”来确认各种要素是否互相联系在一起，有没有遗漏或重复（MECE分析法：参照→07）。

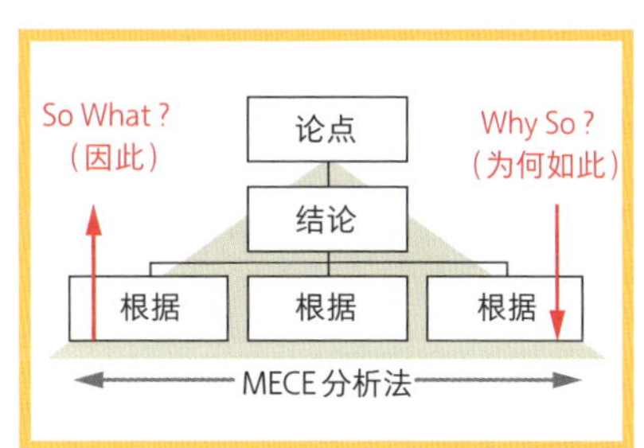

思考的提示

思路不畅的时候，可以尝试把想法传达出来

如果在组织逻辑时觉得思路不畅，就不要只是在自己脑中思考，可以尝试把想法传达出来。要把想法传达给别人，就必须梳理逻辑才能让对方理解。在说话或写文章的过程中，原先不清楚的部分会逐渐变清晰，从而促进逻辑性思考。

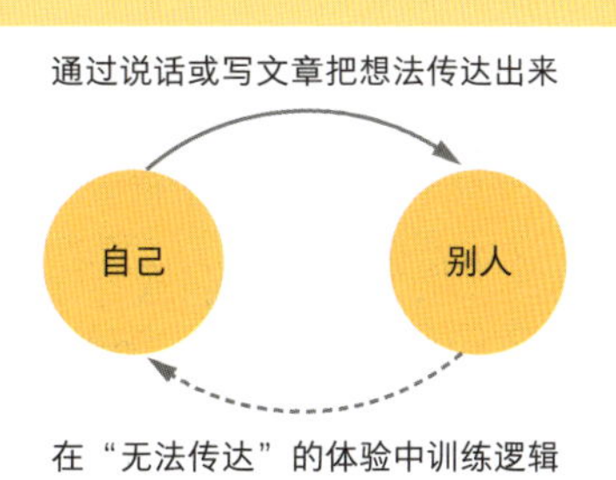

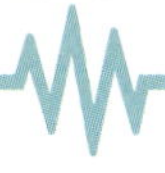

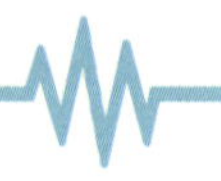

02 批判性思考法

通过怀疑逻辑的正确性来提高思考的准确度

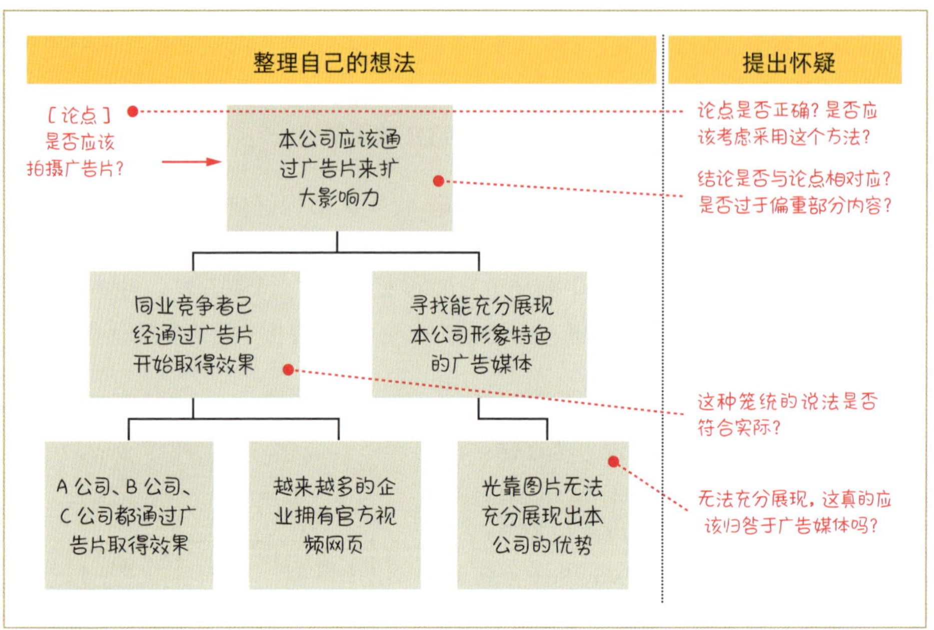

基本概念

所谓“批判性思考法”，是一种运用健全的批判精神、有逻辑地对事物进行思考的方法。前项的逻辑性思考法重点在于理顺“结论”与“根据”的关系，在解决问题时必不可少。但如果前提设定有误或解释有误的话，就无法发挥效果。另外，如果一开始的问题设定就是错误的，那么再怎么逻辑清晰地进行思考也无济于事。

对于逻辑性思考法的这个缺点，批判性思考法能起到很好的弥补作用。通过客观而且具有批判性的视点进行思考：前提是否正确？结论与前提是否互相对应？……另外，这里的“批判”并非只表示否定的消极意义，而是多角度地、有建设性地思考的积极手段。

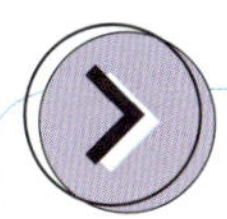

思路

❶［展开逻辑］按照前项逻辑性思考法的步骤展开逻辑，即确定论点、收集信息、思考能从中得出什么结论。

❷［质疑论点］对 ❶ 的逻辑进行批判性思考。所谓“批判”，是指以怀疑的眼光质疑其正确性。如果一开始设定的论点是错误的，那么无论如何展开逻辑都没有意义。通过质疑论点的正确性，确认自己要思考的事物是否正确。

❸［质疑结论与根据的关系］结论与根据是否以“Why So（为何如此）”“So What（因此）”联系在一起（逻辑是否有跳跃）？——通过质疑这一点来确认其正确性。

❹［质疑前提］质疑位于结论与根据之间的前提。前提的正确性会因为时间和场合而改变，所以需要确认在目前的状况或条件下该前提是否正确。像这样，通过多角度的视点来质疑自己的想法，找到逻辑上的矛盾或漏洞并加以改善——这就是批判性思考法。关键是要培养能随时提出质疑的体质和韧性。

补充 注意思考过程是否存在偏见

人的思考往往存在偏见，例如：盲目相信支持自己观点的信息，对没有预料到的问题采取轻视的态度，等等。为了防止这些偏见影响逻辑，必须客观地对自己提出质疑。

思考的提示

建议进行“自我辩论”

我向大家推荐一个适合用来训练逻辑性思考法、批判性思考法的练习——“自我辩论”。针对某个问题，先想出一个观点，再想出一个反驳的观点，然后再想出一个对于反驳观点的反驳观点……这样不断反复进行，就能客观地、多角度地看待事物，强化逻辑。

问题（课题）

销售量没有增长，就应该推出新产品

赞成意见 ⇄ 反对意见

通过不同意见的互相碰撞，提升思考的准确度

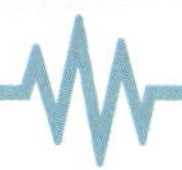

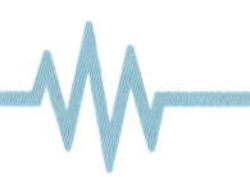

演绎性思考法

以具有普遍性的大前提为基础来推导出结论

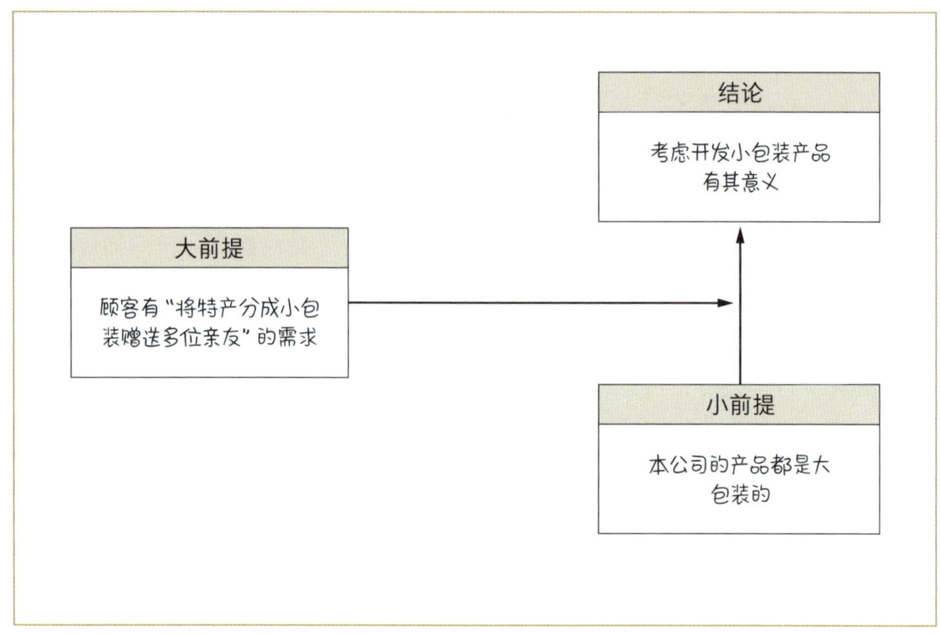

基本概念

所谓“演绎性思考法”，就是从一般的规则或理论等“大前提”出发，对实际所见所闻的事物（事实）推导出结论的思考法。例如，“所有物体都会往下坠落”这个普遍原理是大前提，“苹果是物体”是小前提（事实），由此推导出“苹果会往下坠落”的结论。这就是演绎性思考法的逻辑。

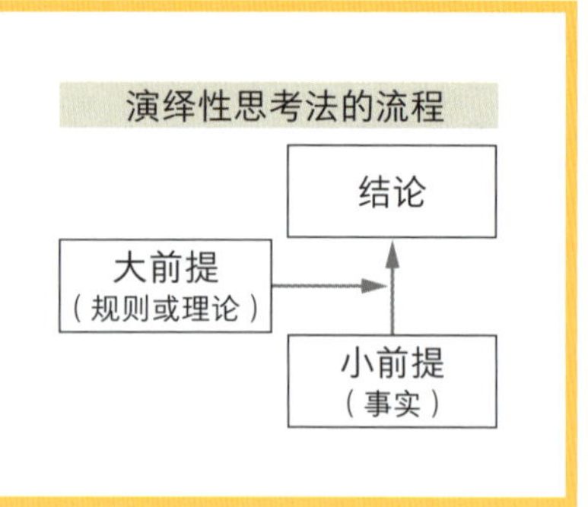

演绎性思考法是一种推论，在逻辑性思考法的实际运用中必不可少。

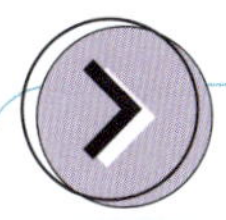

思路

补充　何为推论

想要理解演绎性思考法，就需要先理解“推论”的概念。所谓推论，就是从已知信息推导出未知结论的逻辑性思考过程。推论由“前提”和“结论”组成——“前提”是指事先获知的信息或知识；“结论”是指根据前提而做出的判断。这些概念是逻辑性思考法的基础，经常用于设定问题或制定解决方案。最有代表性的推论方法包括演绎性思考法（演绎法）、归纳性思考法（归纳法）（参照→04）、假设推论法（参照→05）。

❶［把握大前提］挑选出能作为演绎性思考法的大前提的信息，例如：社会普遍认为正确的理论、规则、学说等。

❷［把握小前提］观察具体事物，收集能作为小前提的信息。小前提既可以是有意识地收集的信息，也可以是日常工作中积累的数据资料。

❸［推导出结论］找出大前提与小前提的关联性，推导出结论。在大前提下推导出一个必然的结论，论证能力很强——这是演绎性思考法的最大优点。但另一方面也要注意，由于结论的成立依赖于大前提，一旦大前提站不住脚，结论就会随之瓦解。所以，要随时注意确认：大前提的选择是否合适？大前提本身是否正确？

思考的提示

从整体到部分、从一般到个别的逻辑展开

只要想象一下表示包含关系的集合概念，就会对演绎性思考法有直观认识。“只要整体是正确的，那么整体中的某一部分也必然正确”——这就是演绎性思考法的逻辑展开。相反，以其中某部分为范例，思考其整体状况——则是下一节要介绍的归纳性思考法。

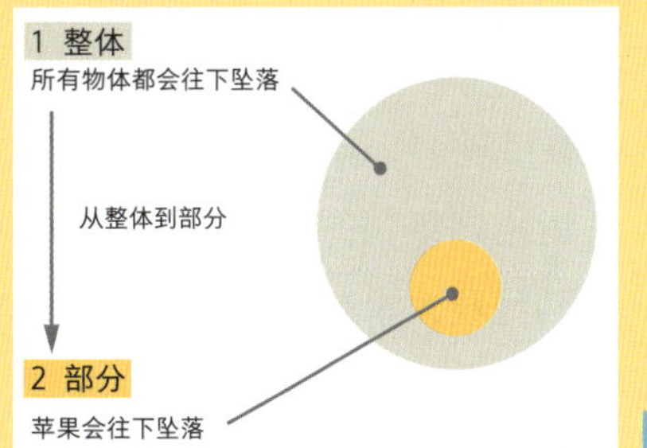

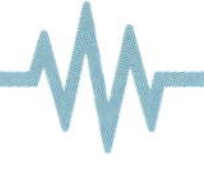

04 归纳性思考法

找出共同点，推导出普遍性原则

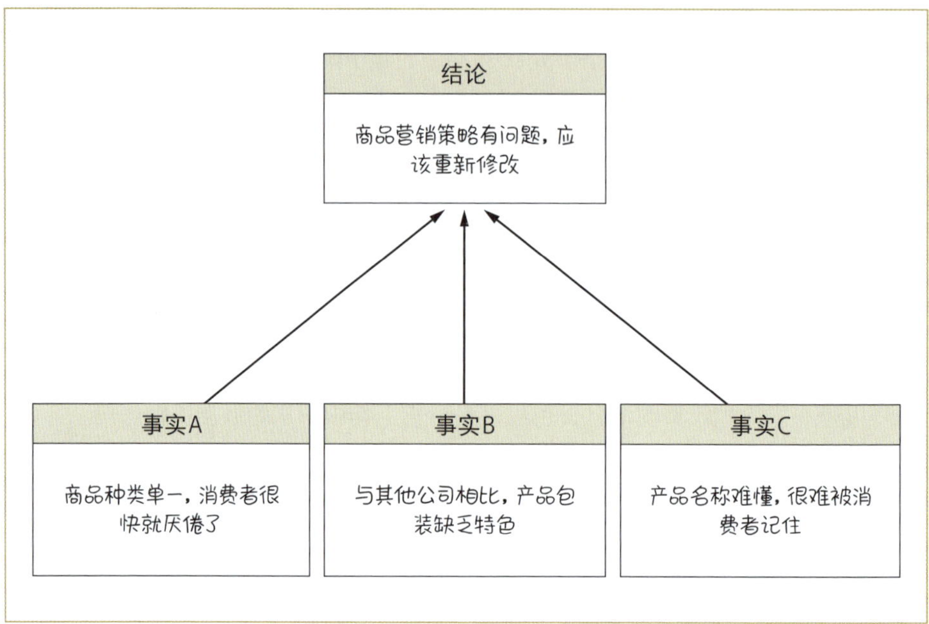

基本概念

所谓“归纳性思考法”，是从几个具体事物（事实）中找出共同点，再推导出一个普遍性原则作为结论。它的思考流程与演绎性思考法的正好相反。

运用归纳性思考法需要想象力、知识与经验，才知道如何从多个事实中找出共同点，如何推导出结论。尽管有些难度，但能激发丰富的创意。

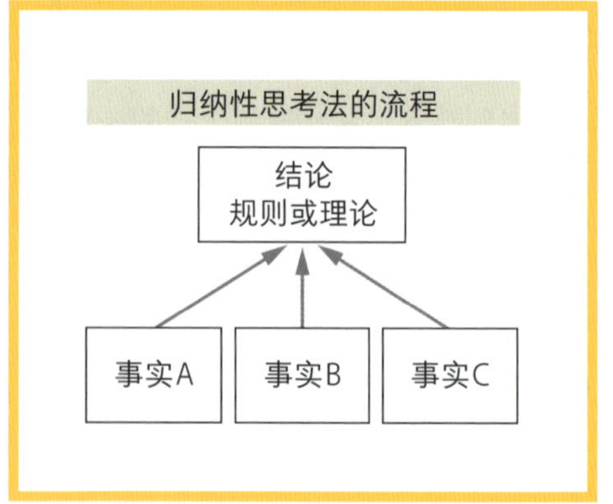

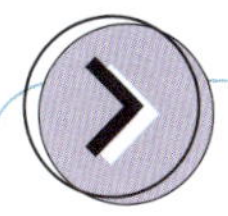

思路

❶［收集范例］观察具体事物（事实），收集信息。归纳性思考法是一种统计思维，因此，收集到的范例越多，所推导出的结论的准确性就会越高。

❷［找出普遍性并推导出结论］从收集到的信息中找出共同点。在归纳性思考法中，这个共同点（具有普遍性的信息）就是结论。所谓“找出普遍性”，就是从个别信息中找出与整体一致的原则，例如：“既然A、B、C都有这个共同点，那么D、E是不是也一样？”在上文的范例中，先获得“商品种类单一”“产品包装缺乏特色”“产品名称难懂”等信息，再通过这些信息推导出“商品营销策略有问题，应该重新修改”的共同问题点作为结论。需要注意的是，如果出现了与结论（普遍性原则）不相符的事实，结论就会被推翻，此时必须进行修正。另外还要注意，推导普遍性原则时不能太过牵强，以免得出错误的结论。

补充 演绎法与归纳法的关系

演绎法与归纳法是逻辑性思考法的基础，彼此相辅相成。演绎法具有将普遍性原则具体化的作用，而归纳法则能验证普遍性原则的有效性。在上述“商品营销策略有问题”的范例中，我们也可以运用演绎法进行思考——除了A、B、C之外，也许还有产品功能或外观设计方面的问题。再加上接下来要介绍的假设推论法的思考法，就能形成一个假设验证的循环。

思考的提示

从部分到整体、从个别到一般的逻辑展开

归纳性思考法的直观印象，也可以通过包含关系来表示。与演绎法相反，归纳法是从部分想象整体、从个别想象一般性原则。由此可见，归纳法比演绎法具有更高的扩展性。下一小节将介绍具有更高扩展性的假设推论法。

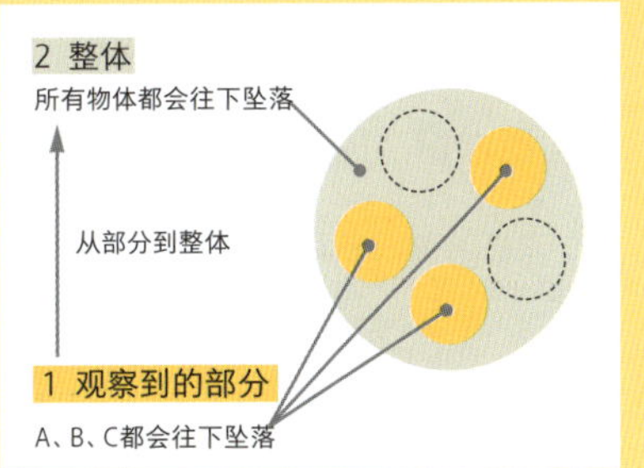

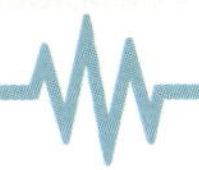

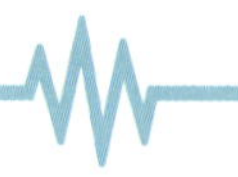

假设推论法

根据事实提出假设

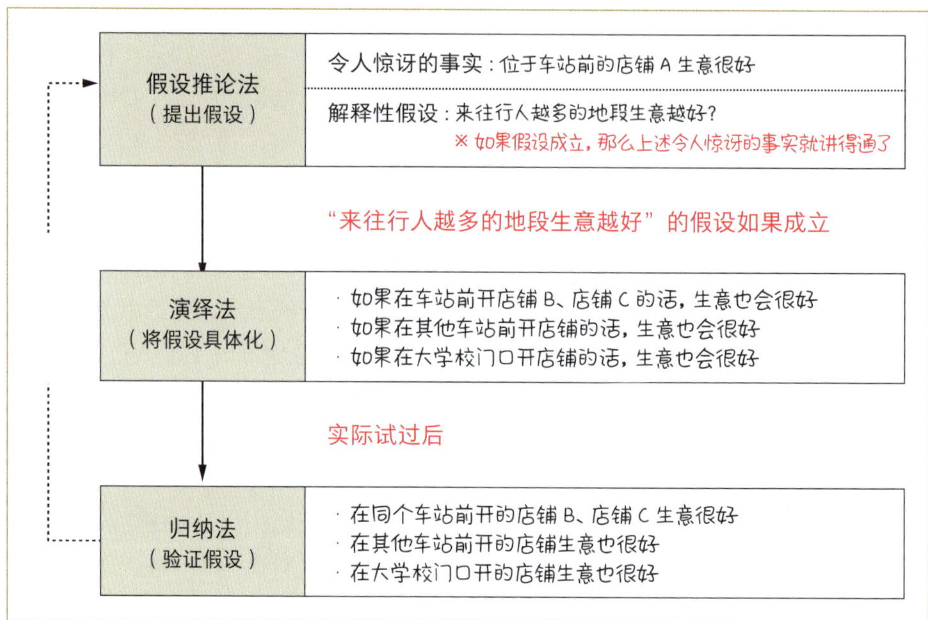

基本概念

所谓“假设推论法”，是提出假设来对某个事实的发生原因进行解释的思考法。假设推论法是与演绎性思考法、归纳性思考法并称的第3种推论法。它作为逻辑扩展性最高的思考法而备受瞩目。

假设推论法的逻辑展开的基本流程如下：“发现令人惊讶的事实Z”→“如果Y（解释性假设）成立的话，则Z就能讲得通”→“因此Y应该是成立的”。举个具体的例子：发现“苹果从树上掉落”这个令人惊讶的事实，随即提出“地球与苹果之间互相吸引（存在引力）”这个假设。

如上所述，假设推论法是一种具有跳跃性的思考法，其优势在于“发现”。

思路

❶［发现令人惊讶的事实］假设推论法是从“发现令人惊讶的事实”开始的。在看似平常的各种现象中，请随时保持一种善于提问的好奇心，养成对日常事物的成因进行探究的习惯。

❷［提出解释性假设］提出一个假设，从逻辑上解释这个事实的发生原因。这种假设称为“解释性假设”，可以通过验证进行修正。例如，发现“店铺A生意很好”这个事实时，就思考能解释“为什么店铺A生意很好”的理论或普遍性原则。

❸［验证解释性假设］运用演绎法和归纳法来验证解释性假设是否正确。验证流程是这样的：“设想其他能证明该解释性假设的事实（演绎法）”→“在现实中确认该事实，并与解释性假设进行对照（归纳法）”。以上述范例为例，在来往行人众多的地段开店铺，如果生意真的很好，就说明假设是正确的。相反，则需要对假设进行修正。

补充 归纳性思考法与假设推论法的区别

假设推论法也是“从部分事实推导出普遍性原则”，从这点来说，与归纳性思考法颇为相似。但两者之间还是有区别的。例如，看见苹果从树上掉落时，认为“所有物体都会往下坠落”，这是归纳性思考法；而认为“物体之间存在着引力”，即试图找出眼睛看不见的内在因果关系，则是假设推论法。

思考的提示

3种推论法的关系

推论可分为两类：一类是“分析性推论”——通过分析前提而推导出关于部分信息的结论；一类是“扩展性推论”——从部分事实推导出关于整体或普遍性原则的结论。演绎法、归纳法、假设推论法的定位如右图所示。我们可以用假设推论法提出假设、用演绎法具体化，再用归纳法进行验证，由此不断地强化逻辑。

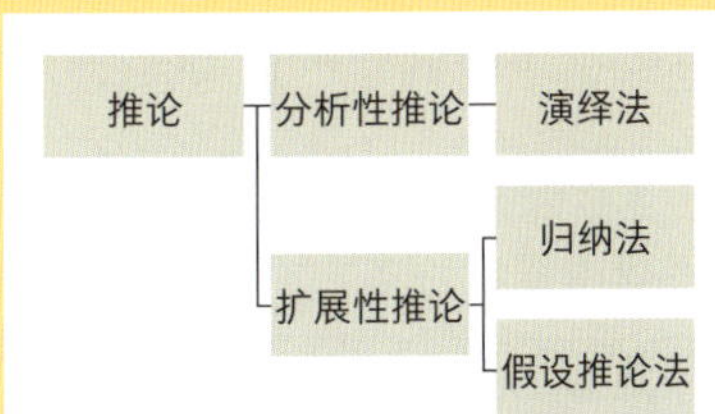

参考书目：《假设推论法：假设和发现的逻辑》（米盛裕二著，劲草书房出版）

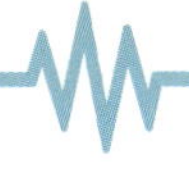

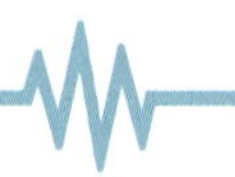

06 要素分解法

把事物拆分成各构成要素进行思考

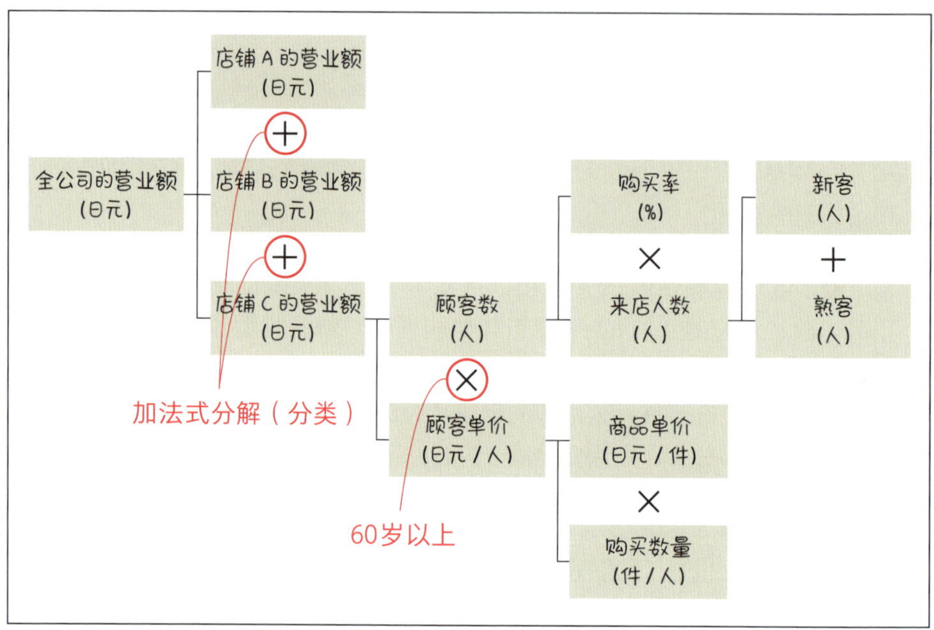

基本概念

所谓“要素分解法”，是把原本复杂难解的对象进行分解的方法。例如，当上司与部下之间的沟通出现问题时，需要仔细观察各个要素——究竟是上司的问题，还是部下的问题？是沟通技巧的问题，还是心理上的问题？又或许是因为工作繁忙所致？……原本模糊不清、难以深入探究的问题，经过分解之后，思考起来就会变得简单许多。

在商务场合中，要素分解法最具代表性的用途就是分解营业额、确定问题并制定对策。接下来将介绍两种分解方法——加法式的“分类”以及乘法式的“因数分解”。

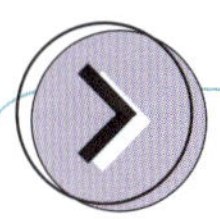

思路

❶ [进行加法式分解（分类）] 在“加法式分解”中，把分解后的各部分加起来，就会变回原样。在上述的范例中，分解成“店铺A的营业额”“店铺B的营业额”“店铺C的营业额”来思考（※在此范例中，店铺A ~ C是完全独立的，各自经营的产品之间没有关联）。

补充 统一抽象度

在加法式分解中，分解后的各个概念的抽象度必须一致。也就是说，要事先想一想，把它们全部加起来后能不能回到原样。在上述的范例中，店铺A ~ C的营业额相加后，必须等于全公司的营业额才行。请随时意识到MECE分析法（参照→07）。

❷ [进行乘法式分解（因数分解）] 把某个对象分解为因数的方法。在上述的范例中，是将营业额分解为“顾客数”与“顾客单价”。将分解后的因数相乘，就可回到原样（顾客数 × 顾客单价 = 营业额）。另外，还可进一步将“顾客单价”分解为“商品单价”与“购买数量”。

❸ [确定问题并思考解决方案] 对分解后的各项要素进行调查，确定问题并思考解决方案。像这样把事物分解成适当的大小，就容易想出解决方案。当碰到模糊不清的问题时，不妨考虑如何分解该问题，并寻找对策。

思考的提示

可正确分解的事物就能正确组合

分解时的关键，在于能否“正确地理解该事物”。只要能正确地理解，就能分解，而能分解的事物也能重新组合起来。这个思考法的最终目的，可以说是获得“理解事物、分解事物以及根据目标重新组合”的能力。

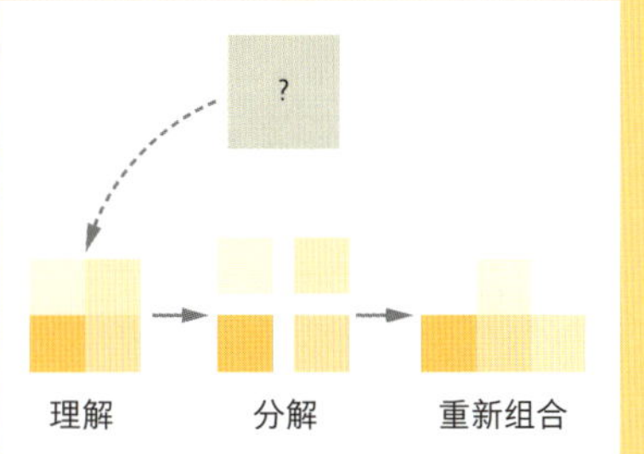

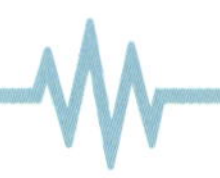

MECE分析法

没有遗漏、没有重复地进行思考

每月花在美容上的预算 \ 年龄	不到20岁	20~29岁	30~39岁	40~49岁	50~59岁	60岁以上
不到5000日元	✔	✔	✔	✔		
5000～10000日元	✔	✔		✔		✔
10000～15000日元	✔	✔	✔	✔	✔	✔
15000～20000日元		✔	✔	✔	✔	✔
20000～25000日元		✔	✔	✔	✔	✔
25000～30000日元		✔	✔	✔	✔	✔
30000日元以上		✔	✔	✔	✔	✔

（在此范例中，为了调查顾客需求，把顾客按年龄层细分）

基本概念

“MECE”是“Mutually Exclusive and Collectively Exhaustive”的缩写，意为“没有遗漏、没有重复”。为了查明问题点或市场调查而收集、整理、分析信息时，MECE分析法是一种很重要的思考方法，在逻辑性思考时也是必不可少的。

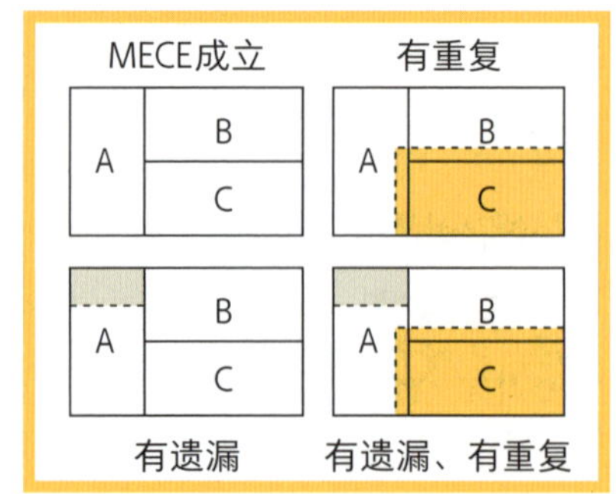

在收集信息时如果有遗漏，就会导致缺乏必要的信息；如果信息重复，则会导致分类不清或重复调查，从而增加了成本。

思路

❶［设定收集信息的目的］在确定收集信息的具体内容与方法之前，应该先明确目的。例如，在思考市场营销策略时，可以把目的设定为“了解使用本公司服务的各类顾客的需求”。

❷［设定收集信息的切入点］根据目的，考虑用什么作为收集信息的切入点。在思考切入点时，必须意识到“与目的相关的变量是什么”。举个具体的例子，假设目的是“了解使用本公司服务的各类顾客的需求”，对于以女性顾客为主的美容设施而言，以“性别”作为切入点是毫无意义的，应以“年龄”或“每月花在美容上的预算”等作为切入点。从目的进行反推，思考收集哪些信息才有用，以此设定切入点。

❸［确认是否有遗漏或重复］确认自己设定的切入点是否符合MECE。例如，年龄项目中如果缺少“不到20岁”或“70岁以上”，就说明有遗漏；如果切入点设定为“年轻女性”“女大学生”“20～29岁女性”等含混不清的类别，则有重复。当有遗漏时，就必须追加项目；当有重复时，则必须通过整合或分割来进行调整。其中尤为需要注意的是遗漏。有重复时会导致成本增加，但事后还有机会进行修正。而发生遗漏的话，则有可能到最后才发现。

思考的提示

调整所需信息的精细度

尽管MECE分析法是逻辑性思考法的必备手法，但需要注意不能过于纠结。一旦过于纠结细节，很可能会偏离本来目的或浪费太多时间。在运用MECE分析法时，可以同时运用假设思考法（参照→48），明确自己所需信息的精细度。

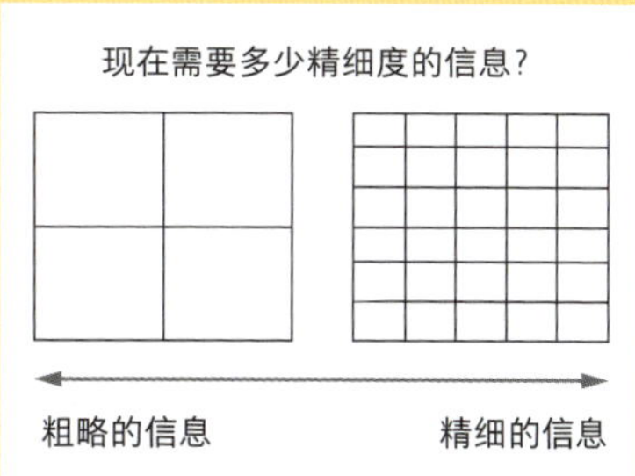

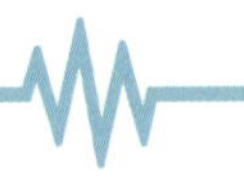

08 PAC思考法

对前提与假定提出质疑，提高思考的准确度

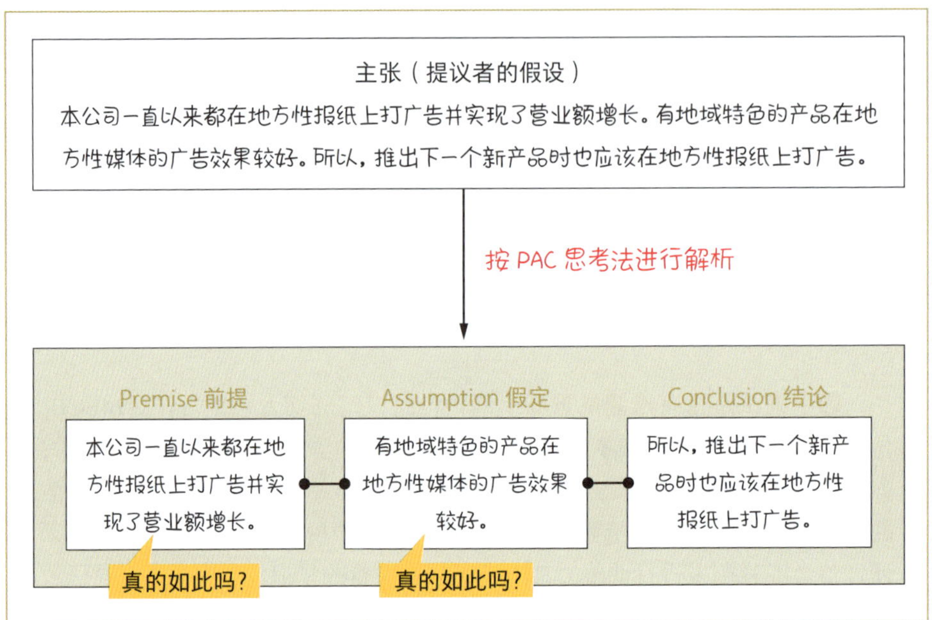

基本概念

所谓“PAC思考法”，是着眼于前提（Premise）、假定（Assumption）、结论（Conclusion）这3项的思考法，以此检验结论是否正确，提高思考的准确度。这也是批判性思考法的具体思考方式之一。

凡是具有逻辑的论点，其结论和前提肯定是正确地联系在一起的。而存在于“结论”和“前提”之间的，正是“假定”。PAC思考法的重点，就是对假定的正确性提出质疑，以此确认该论点是否正确。对前提和假定提出质疑时，如果无法完全排除怀疑，就需要重新思考假定或结论。PAC思考法的优点，是可以加强分析问题的能力。

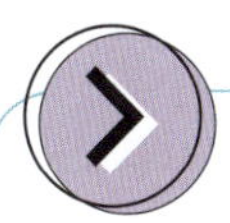

思路

❶［按照PAC分解主题］设定想用PAC思考法验证的主题（主张）。在上述范例中，把主题设定为“制定新产品的市场营销策略时对现状进行假设”。将设定好的主题分解成前提（P）、假定（A）、结论（C）。

❷［收集信息］将主题分解成PAC各项之后，先针对假定提出疑问，以验证其正确性。在上述范例中，就是思考“有地域特色的产品在地方性媒体的广告效果较好”这个假定是否正确。如果发现地方性报纸的读者已随着时代变化而锐减、原假定无法成立，就必须修正结论。

补充 假定和假设的区别

本小节中出现的“假定”和“假设”这两个词的意思并不相同。用PAC思考法进行验证的对象是“假设”，而构成该假设的结论与前提之间的是“假定”。通过对这个“假定”提出质疑，来验证整个“假设”的正确性。

❸［确认前提的正确性］作为前提的信息是错误的，这其实并不少见。有时候，即使不算完全错误，也可能因为个人主观解释而经过了美化，不适合作为判断的依据。在上述范例中，提议者认为“本公司一直以来都在地方性报纸上打广告并实现了营业额增长”。其实，其中是否真的存在因果关系，需要客观地重新审视。如果提议者正是当时负责打广告的人，则有可能掺杂了想要炫耀自己工作成果的私心。

思考的提示

前提是会改变的

在瞬息万变的现代社会中，前提的正确性有时会突然改变，这种情况是很常见的。一年前是正确的，现在却有可能已经不适用了。当陷入思考的困境时，请尝试对那些凭经验推导结论的“假定”或“前提”提出质疑，也许就能由此找到突破口。

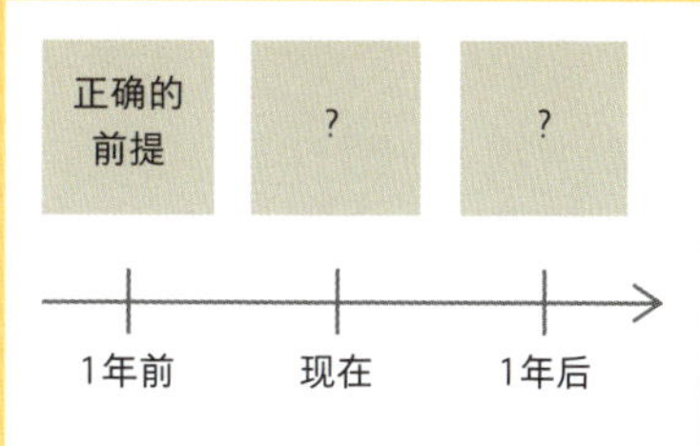

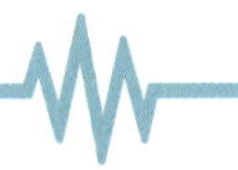

09 后设思考法

用更高一个层次的视点来把握事物，提升思考的质量

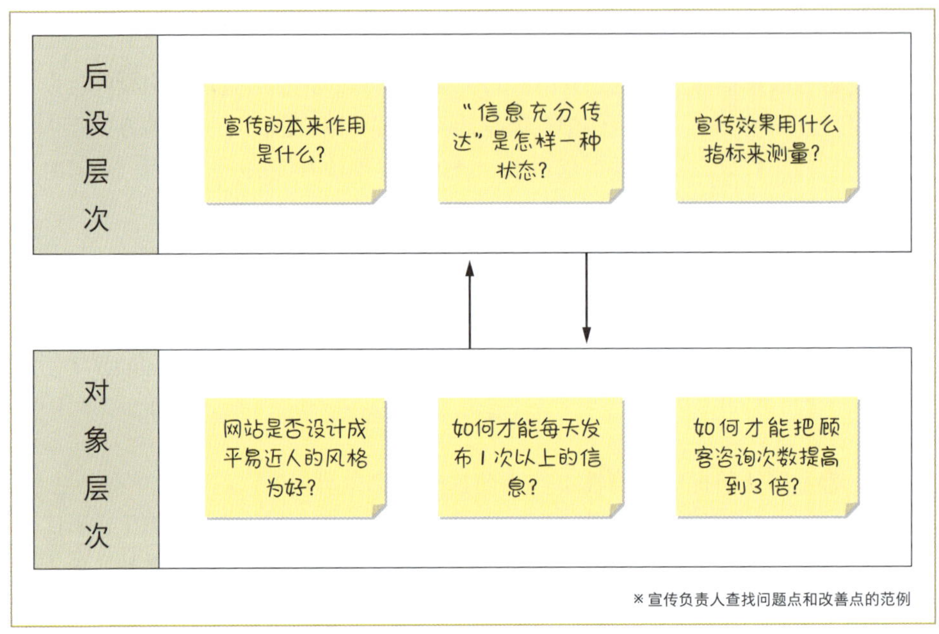

基本概念

所谓“后设思考法”（meta-thinking），就是“对于思考的思考”。当自己正在思考某个具体问题时，另外站在客观的、俯视的角度审视自己，思考“应该思考什么”“应该如何思考”。

后设层次的思考
把握 ↑ ↓ 反馈
对象层次的思考
把握 ↑ ↓ 反馈
行动内容

以行动或决策等具体输出作为思考对象的，是“对象层次的思考”；而以这种“对象层次的思考”作为思考对象的，就是“后设层次的思考”。

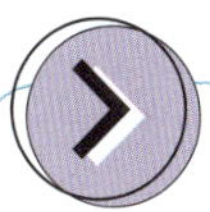

思路

❶［将对象层次的思考可视化］针对目前面临的问题或课题，把具体的思考内容写出来，即使之可视化。上述的范例，就是宣传负责人正在查找问题点和改善点。

❷［站在后设层次来思考］用更高的视点（更高的层次）对思考对象进行思考——考虑"应该思考什么？""应该按什么流程来思考？"并把想到的东西写下来。各种主题的要素各不相同，但可以有意识地按下列要素对"对象层次的思考"和"后设层次的思考"进行区分。

例 不同层次的思考要素

后设层次：上层概念、应该思考的项目、思考流程、判断基准、意义等。

对象层次：下层概念、具体的行动内容、计划、目标设定、事实等。

❸［反馈给"对象层次的思考"］把"后设层次的思考"结果反馈给"对象层次的思考"。对于❶阶段没有想到的点进行思考，或是按新设定的明确基准来思考应该修改哪些内容。

❹［反复进行"后设层次的思考"与"对象层次的思考"］不断反复地进行"对象层次的思考"与"后设层次的思考"，提升最终输出（行动内容）的质量。

思考的提示

跳出固有的框架外进行思考

要做到客观地从更高的视点审视自己，有两个关键点：1.不仅要有"内部视角"，还要有"外部视角"；2.不仅要有"具体视角"，还要有"抽象视角"。

对事物进行思考时，请有意识地兼顾内部、外部、具体、抽象等各种视角。

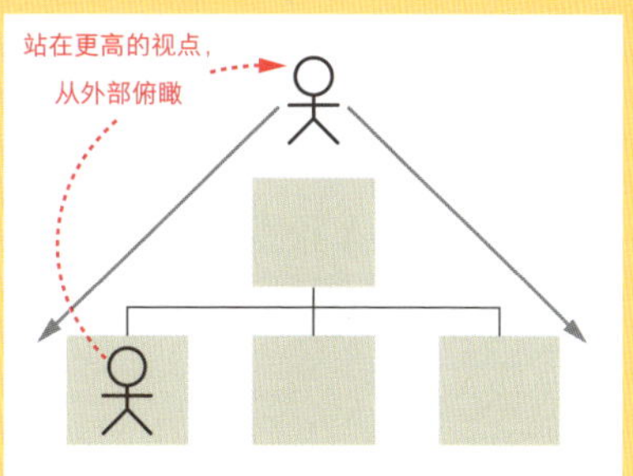

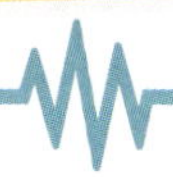

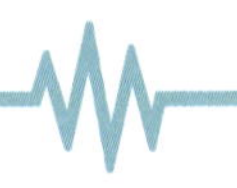

10 辩论思考法

通过思考正反双方的论点，提升逻辑理解能力

议题：销售部门应该采用远程工作体制

赞成意见①	反对意见①	赞成意见②	反对意见②
·如果取消“一定要去公司上班”的规定，就能拓展外出跑业务的区域。	·可以增加办公地点。 ·销售部门需要共享信息，还需要有应急处理能力，所以同事之间的沟通交流是必不可少的。远程工作会使同事关系变得疏远而产生问题。	·增加办公地点（事务所）会增加成本。采用远程工作的话可以降低成本。 ·现在有很多支持销售业务的软件，远程工作也能共享信息。 ·只要安排好网络会议的频率和内容，就能解决沟通交流的问题。	·目前已经开设5个事务所，经营管理制度比较完善。其综合成本比采用新的工作体制低。 ·业务方面的报告和讨论虽然可以通过网络工具进行，但一些细小信息以及无法用语言文字传达的微妙感觉却很难共享。

基本概念

所谓辩论，是指分为赞成和反对的立场对某个议题进行讨论，在说服评委的过程中找出该议题的最佳解决方法。因为有正反两方的意见，因此也是一种对事物进行逻辑思考的有效方法。

所谓“辩论思考法”，是将辩论的思考方式运用于解决问题的场合，有逻辑地把握事物，用多种视角互相讨论，从而找到更好的结论。辩论通常由多人进行，但本书介绍的是充分发挥辩论优点的“自我辩论”。

思路

❶［设定议题］将正在讨论的事项设定为议题。设定议题时，必须留意议题的内容是否为具体行动、能否分成赞成方与反对方。议题形式建议采用“应该……”的句式。在上述范例中，把“销售部门应该采用远程工作体制”设定为议题。而像“未来的工作方式会如何变化？”之类的议题就太笼统，不适用于重视结论的辩论思考法。

❷［列出赞成意见］站在正方立场，把自己能想到的对于该议题的赞成意见全部列出来。时间可以限制在五分钟左右。

❸［列出反对意见］站在反方立场，把对于该议题的反对意见全部列出来。可针对赞成意见提出反驳，列举出“不应该……”的理由或这样做的缺陷。

❹［反复进行正反方辩论］再次回到正方立场，针对反方意见提出反驳。然后，再反复多次地提出赞成意见与反对意见。除了要关注正反双方的意见之外，还需关注是否出现一开始时没发现的争议点。

❺［得出结论］将赞成意见与反对意见全部列出后，站在中立的立场回顾整个辩论过程。思考一下：最主要的争议点是什么？哪个观点最具有说服力？根据在辩论过程中所获得的相互理解与发现，进行最终决策。

思考的提示

对优点与缺点进行归纳整理

运用辩论思考法时，需要具备客观地审视事物优缺点的能力。在日常工作中进行选择或判断时，可以把各种观点写在纸上并归纳整理，以此训练客观把握事物优缺点的能力。

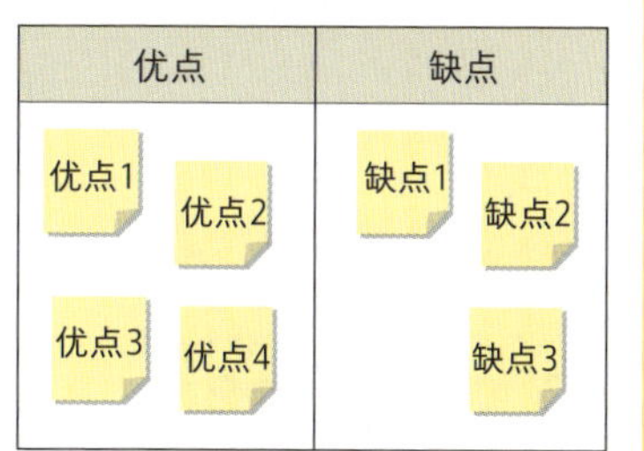

第1章的练习❶

在第1章里，我们以逻辑性思考法和批判性思考法为中心，学习了适用于发现问题与设定课题的各种思考法。在本小节中，我们将深入了解在进行逻辑性思考时必不可少的要素分解法（参照→06）。各位读者也可以在网上下载模板，对自己实际遇到的问题或课题进行分解。

对“利润”进行要素分解

首先，我们尝试对“利润”进行分解。当然，目的不同的话，分解的方法和精细度会随之改变。下图并非唯一的答案，仅供参考。各位读者可以尝试按自己的方法进行分解。

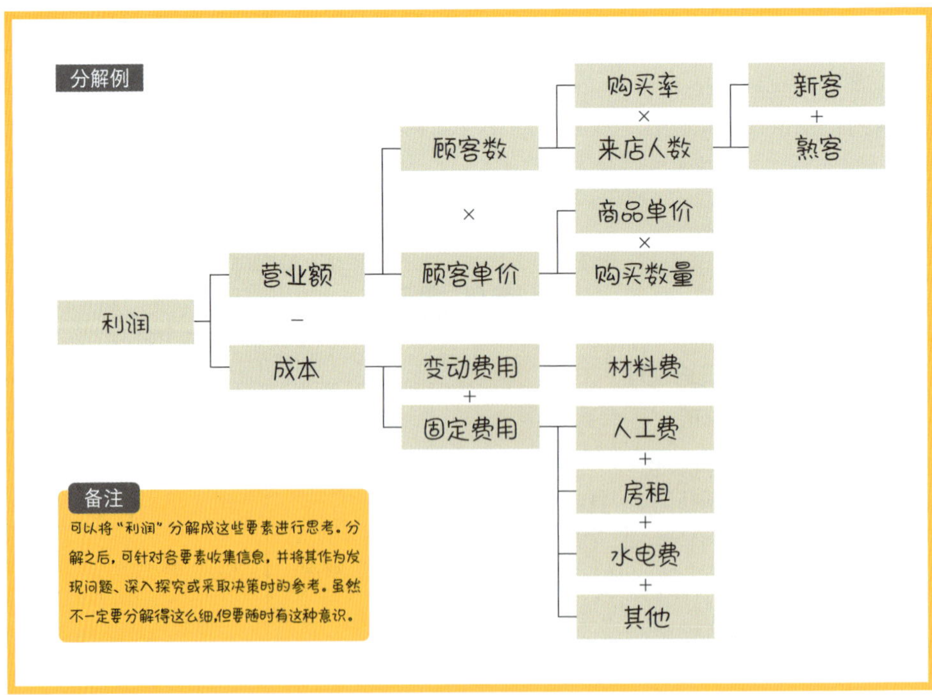

对日常生活中的各种事物进行要素分解

上述范例中分解了“利润”。其实，还可以对日常工作中接触到的各种要素进行分解。请想一想，自己工作中的指标或数字在分解之后会变得如何。

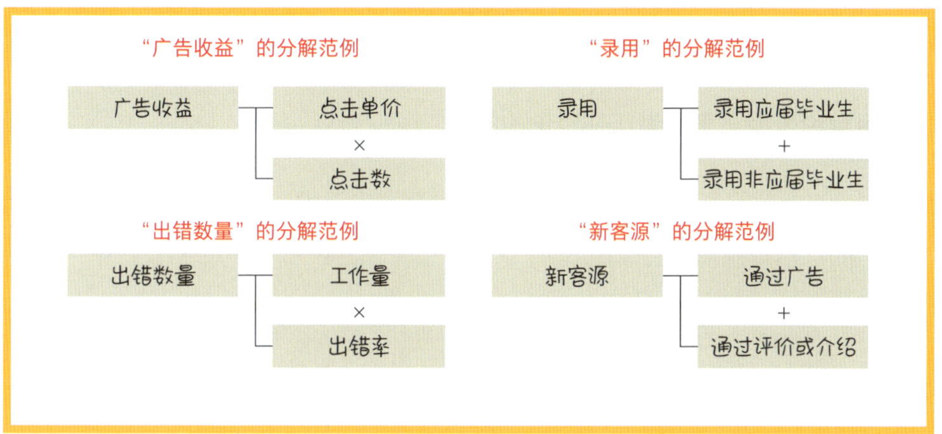

对流程进行要素分解

流程也可以分解。下图的范例，是为了增加新服务的签约人数而对整个流程进行分解——从发送关于说明会的通知邮件到签约（在现实中，也经常有没收到邮件的人前来参加，因此实际状况会更复杂一些）。

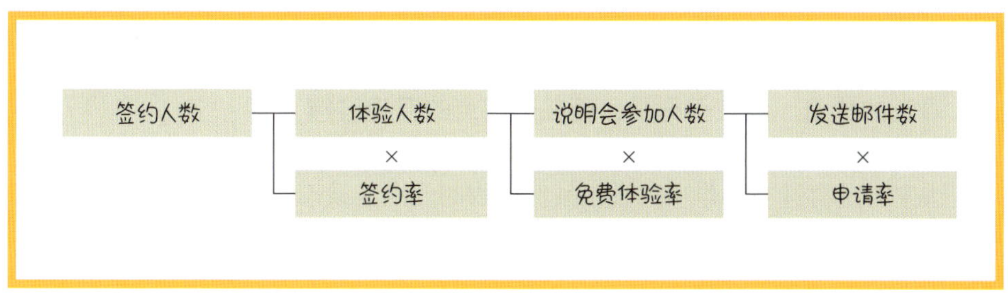

第1章的练习❷

第1章以训练思考的基础能力为目的，介绍了逻辑性思考法以及批判性思考法。这些思考法是所有思考法的基础，请好好练习。而最适合作为练习的方法，就是前文介绍过的“自我辩论”。

用辩论思考法来思考正在讨论的问题

辩论思考法（参照→⑩）是针对某个主题提出赞成意见与反对意见，通过不同观点的互相碰撞来找到最佳结论。回顾一下可以独自开展的“自我辩论”的步骤，具体如下：

① 设定议题
② 列出赞成意见
③ 列出反对意见
④ 反复进行正反方辩论
⑤ 得出结论

在这里，将“员工培训应该改由自己公司内部实施”设定为议题，进行思考。只要在笔记本或白纸上用竖线分成两半，就能随时实践。各位也可以将自己目前的课题或准备演示的内容设定为议题，从正反两面展开思考。

真正的价值，不在于列举，而在于观点的互相碰撞

大家肯定有过在工作中列举出某件事物的优点与缺点的经验吧。在运用辩论思考法时，也需要准确地把握这些优缺点。不过，辩论思考法的根本魅力，并不在于列举出优缺点并写下来，而是通过各种观点互相碰撞来加深思考、获得新发

现或更客观的视角。

尝试一下自我辩论吧

以下的自我辩论的范例，议题是“外聘讲师实施员工培训应该改由自己公司内部实施”。如下所示，请尝试围绕议题反复提出赞成意见与反对意见，进行更深入的思考。

议题　外聘讲师实施员工培训应该改由自己公司内部实施

赞成意见①	反对意见①	赞成意见②	反对意见②
· 需要培训的内容越来越细化，外聘讲师已经无法应付。	· 可以将细化的内容进行整理，再分批委托培训公司。	· 要讲授细化的内容，需要有现场的工作经验才行。外聘讲师无法胜任。	· 过于细化的内容，本来就不适合一对多的集体培训方式。细节部分应采用OJT方式进行培训，而基础知识则应该请外聘讲师来培训。
· 改由自己公司内部实施，可以更灵活地调整培训内容。	· 之所以需要灵活调整培训内容，是因为没有事先制定培训计划。只要先制定年度计划再开始实施，就没有问题。	· （对于这点想不到反驳意见。培训计划确实存在不足。）	
	· 关于培训学习的理论和技巧属于专业技能，公司内部人员很难胜任，需要借助外部的力量。	· 可以在人事部门设立团队，专门研究培训的方法及手段。	· 外行人士即使组成团队，也不能获得专业技能。还是需要外部的支援。

专栏　思考时的“拉近视点”和“拉远视点”

第1章以逻辑性思考法与批判性思考法为中心，介绍了几种基础的思考法。为了更好地从多角度把握事物，“整体与局部”的视点尤为重要。

把握整体的能力是必不可少的

俗话说“只见树木，不见森林”，就是提醒我们不能因为太过拘泥于局部而忽略了整体。这一点在解决问题时也非常重要。为了提升思考的质量，我们必须拥有把握问题全貌的“整体观”。因为，如果缺乏整体观，就会迷失“目的”和“自己所在的位置”，不知道自己为什么要思考，也不知道自己在思考什么。

当然，我并不是说“可以忽略局部”。在具体采取行动、做决策以及调查相关需求时，都需要仔细观察局部的能力。也就是说，在解决问题时，关键是要把握好整体与局部的平衡。

拉近视点（从整体到局部）与拉远视点（从局部到整体）

想要正确把握整体与局部，就需要采用“拉近视点”（zoom in）与“拉远视点”（zoom out）这两种视角移动方式。“拉近视点”是聚焦于局部，而“拉远视点”则是为了把握全貌而扩大视线范围。

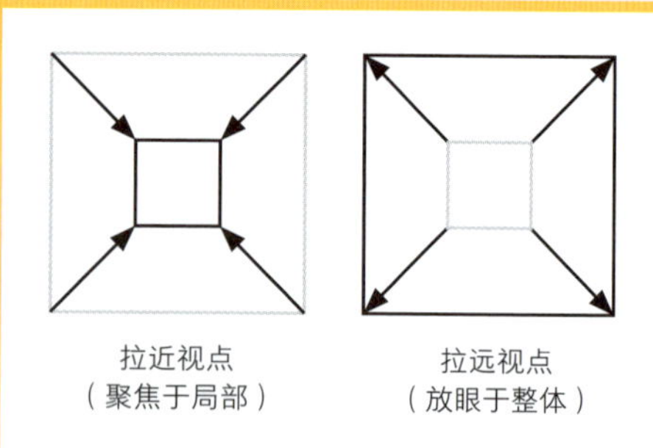

如果一直专注于眼前的业务，往往就会过于“拉近视点”，甚至将局部的信息误以为是整体趋势。当意识到自己过于注重局部时，可稍为“拉远视点”；相反，当意识到具体信息不足时，则可“拉近视点”。最理想的状况，就是“既见树木，又见森林”。

第2章

提升创意构思能力

11 头脑风暴法

12 类推思考法

13 水平思考法

14 逆向思考法

15 IF思考法

16 外行思考法

17 两全其美思考法

18 正和思考法

19 辩证法

20 故事思考法

21 二轴思考法

22 图解思考法

提升创意构思能力

第2章将介绍的思考法，适用于各种需要创意构思的场合，例如关于新产品、市场营销策略以及业务改善方案等。在介绍具体的思考法之前，我们先来思考一下什么是“创意构思”。

创意，是为了解决某个问题

所谓创意，是为了找到解决问题的方法所需要的基本构思。为了产生有效的“创意”，而不是停留在无用的“点子”，我们必须充分理解自己想要解决什么问题。在实践本章内容时，也请明确创意构思的目的是什么。

新创意是由各种要素组合而成

一般来说，新创意并非从零开始，而是将现有的要素重新组合而成。

例如，将“书”与“电子终端设备”的技术相结合，就产生了“电子书”。同样地，将“书”与“咖啡馆”相结合，就萌生出“书店咖啡馆”的创意。也就是说，如果不充分理解现有的要素，就很难产生新创意。

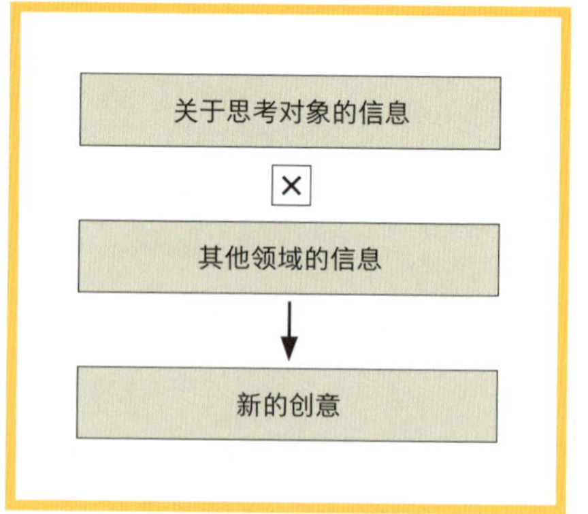

要理解相关要素，需要具备“关于思考对象的信息”以及“其他领域的信息”这两种视角。以书为例，首先需要了解“书”的特征以及文化相关信息。除此之外，还需要把握其他领域的信息（比如说上述范例中的电子终端设备和咖啡馆）。

因此，平时要尽量接触不同领域的各种信息，不断地积累创意素材，以便能随时进行多样化的组合。

发散思维与集中思维

在进行创意构思时，需要经常运用到的两种思维模式就是“发散”与“集中”。所谓“发散”，是指从某个信息开始扩展思考。以现有的信息或创意为基础，尝试从多种视角拓展创意。

在发散思维的阶段，创意的“数量”比“质量”更重要。如果一开始就拘泥于“质量”，就无法充分拓展思维，很难想出好点子。

还有另一个“集中”思维模式，则是将多个信息整合、集中为一个创意。也可以说是对发散思维想出的创意进行归纳整理的过程。

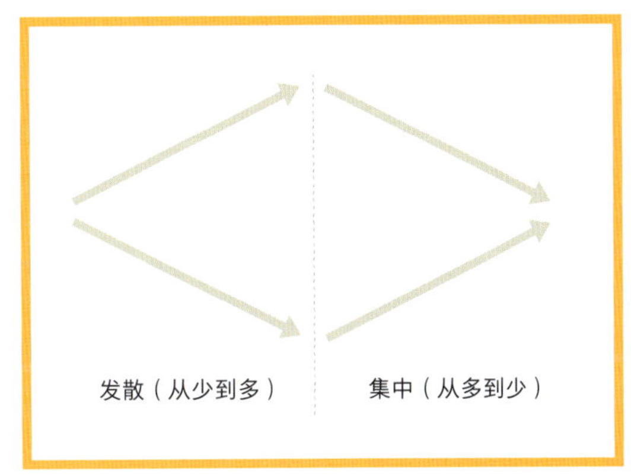

像这样，把发散思维和集中思维结合起来灵活运用是很重要的。发散后集中，集中后再发散……在如此反复构思的过程中提高创意的质量。

积极地借鉴别人的知识与经验

为了产生新创意而思考各种组合方式，在反复进行发散与集中的过程中加深思考。这时候，与其独自一人埋头思考，不如积极地向各种各样的人借鉴知识、经验与想法。一个人所拥有的经验以及能达到的思考深度都是有限的。如果想获得超出现有框架的新创意，就需要向拥有不同经验的人借鉴新的视点。

虽然本书的主旨是培养个人独立思考的能力，但积极地向别人借鉴想法的姿态也是很重要的，希望大家能灵活地运用本章的各种思考法。

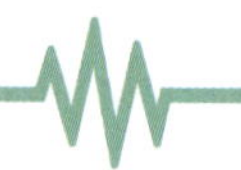

11 头脑风暴法

通过自由思考来提升思维的广度

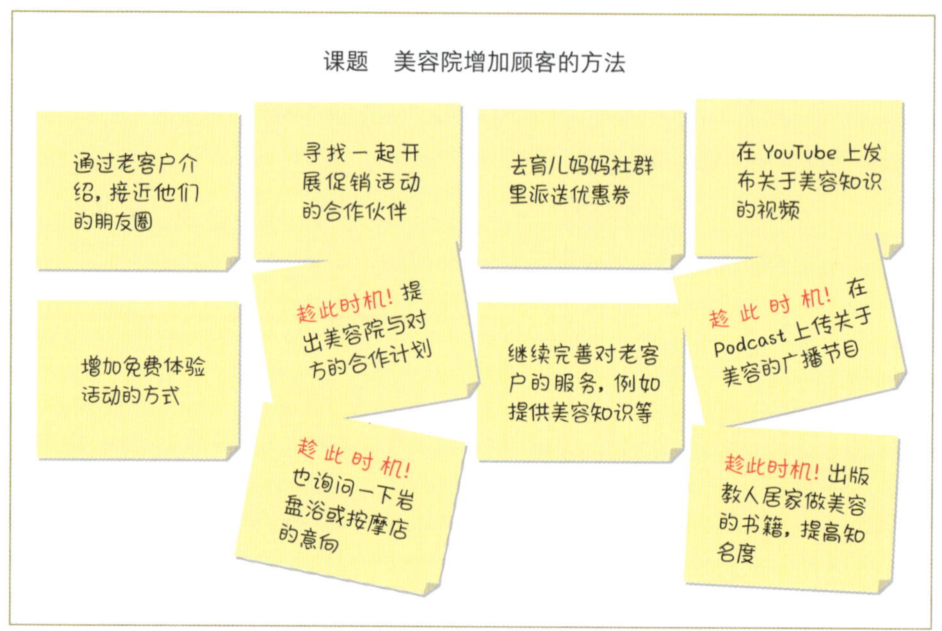

基本概念

“头脑风暴法”（Brain Storming）又称“BS法”，是由亚历克斯·奥斯本首创的激发创意的思考方法，在会议、研讨会等场合进行集体讨论时必不可少。

运用头脑风暴法时，会有意识地把创意的“发散”和“集中”区分开来。第一个要点，是先不进行评价，“尽情发散”。如果在开始阶段就加入评价，那么创意会在充分扩展之前就先集中，从而限制了思考的自由度和灵活性。因此，应该提供一个轻松愉快的环境，在“不批评”“自由发挥”“数量重于质量”“结合各种创意”的四个规则下尽情思考。

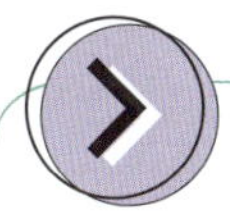

思路

❶［设定课题］设定课题，明确要围绕什么主题发挥创意。

❷［召集成员］召集一起进行创意思考的伙伴。可以邀请多种多样的成员参加，例如有相关课题经验的人、对相关课题很感兴趣的人、具备相关知识且善于思考解决方案的人等。

❸［列出反对意见］全体参加成员必须遵守以下规则。

不批评	暂不评价，接受所有的想法
自由发挥	进行思考时，不能受固有思维框架或现实可能性的束缚
数量重于质量	想法越多越好，不必拘泥于创意之优劣
结合各种创意	可以积极地利用别人的点子，灵活地进行组合

❹［说出点子］在❸的规则下自由想象。先是尽量把所有能想到的点子都说出来。当觉得已经全部说完时，就可以对各种点子进行加工组合，产生更多的点子。要想在原有创意中加入新视角，可以运用水平思考法（参照→⑬）、逆向思考法（参照→⑭）、IF思考法（参照→⑮）。

❺［总结创意］对列出的点子进行整理，对其中比较有用的点子进行具体的深入探讨。整理创意的时候，可以采用第5章介绍的KJ法（参照→⑥⓪）。

思考的提示

当觉得已经想不出什么点子时，再进一步思考

头脑风暴法强调的是“要说出所有能想到的点子”。当你觉得自己已经到了极限，再也想不出什么点子时，可以运用别人的经验或视点，更进一步地思考。突破自己的固有框架，就能获得有用的新创意或新视点。

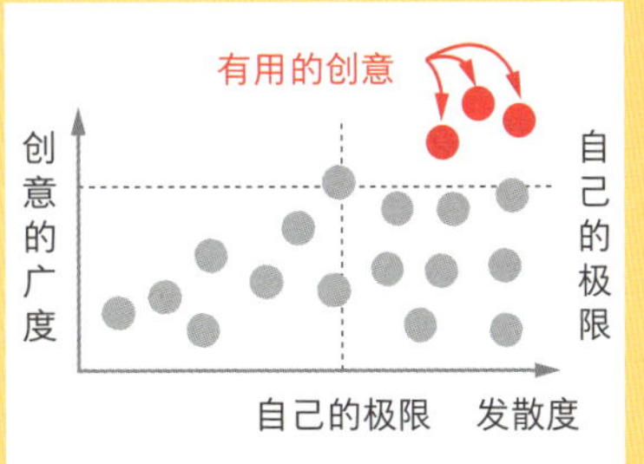

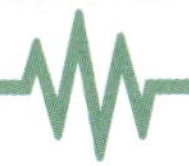

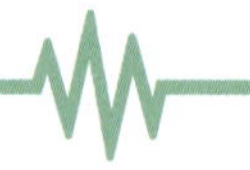

12 类推思考法

从相似的事物中找出其特征并加以应用

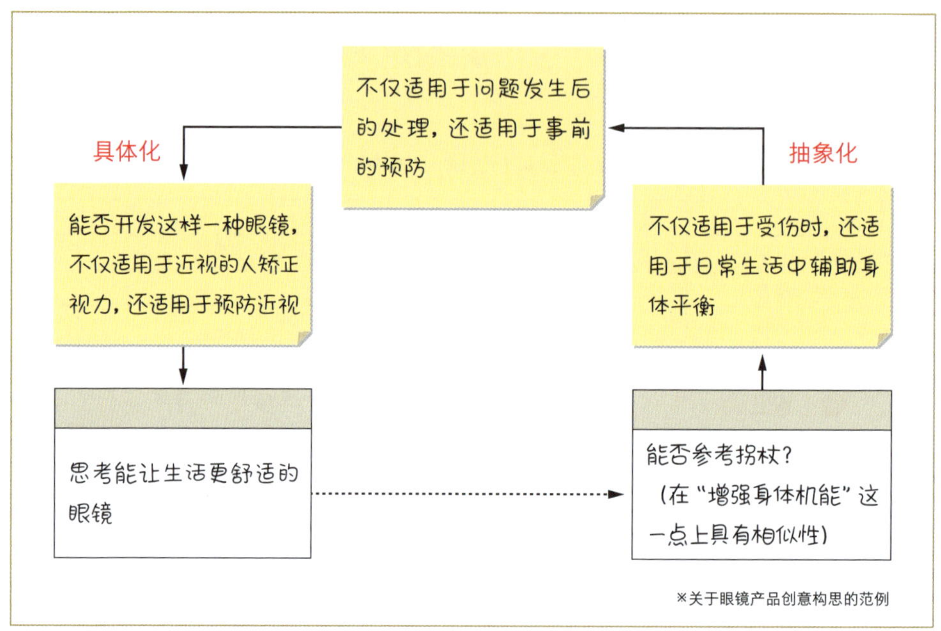

基本概念

所谓"类推思考法"，是着眼于不同事物之间的相似性，将其应用于思考对象的课题上。这是一种从相似事物"借用"灵感的思考方式。

类推思考法的优点，是能从与课题相关的所有事物中找出思考的素材并加以应用。可以从各种事物获得拓展思考的启示，例如：过去发生的事情、同业竞争者的措施，甚至是日常生活中的烹饪或打扫等行为、小鸟或小狗等动物的特征等。

类推思考法由抽象化与具体化两个阶段构成。作为最终目标的思考领域称为"目标课题"，而作为思考材料的来源则称为"基础领域"。思考的流程，是对基础领域的性质进行抽象化，再具体地应用到目标课题中。

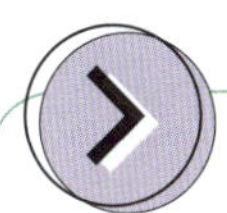

思路

❶ [设定目标课题] 设定想要思考的课题，例如新产品的策划或解决问题的方案等。在上述范例中，把目标课题设定为“设计一款新的眼镜产品”。

❷ [设定基础领域] 找出与目标课题具有相似性的事物，设定为基础领域。在寻找基础领域时，如果事先将目标课题的内容进行分解，思考起来就会变得简单。以眼镜产品为例，就可以分解为“矫正视力的功能”和“配戴在身上的工具”等要素。然后，从各分解要素中找出具有共同点的事物。在范例中，将“拐杖”设定为基础领域。

❸ [概括出基础领域的特征] 概括出基础领域在结构、关联性、流程、步骤、制度等方面的特征，并找出比目标课题更优秀、更先进、更具有冲击力的要点。

❹ [将这些特征抽象化] 将基础领域中概括出来的特征抽象化为普遍性特点、理论、构造或教训等，使其能应用在其他场合。要思考“其特征是什么（What）”“为什么是其特征（Why）”。

❺ [应用于目标课题] 思考如何将这些抽象化的要点或理论应用于目标课题，即如何具体化或个性化的问题。

思考的提示

在不同地方找到相同形态

类推思考法可以说是一种利用相同形态来弥补欠缺要素的思考方法。当目标课题缺少基础领域的要素时，就要思考能否通过补充该要素来解决问题。相反，如果基础领域很简单而目标课题很复杂，则需要思考能否删减一些要素。

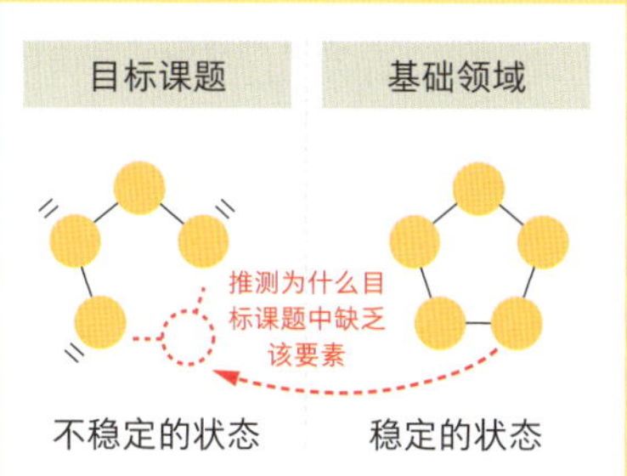

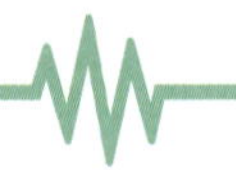

13 水平思考法

跳出连续性逻辑，思考崭新创意的切入点

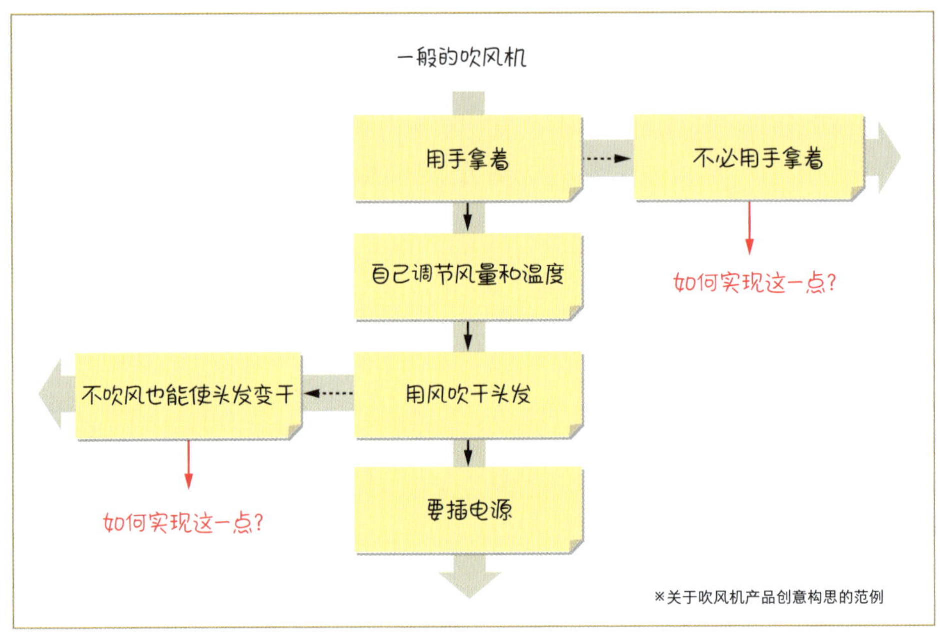

基本概念

所谓“水平思考法”，是一种不受逻辑正确性束缚而能灵活发挥创意的思考法。第1章所介绍的逻辑性思考法，是一种连续性的纵向思考方式，因此也可称为“垂直思考法”。而跳出连续性逻辑的横向思考方式，就是“水平思考法”。

垂直思考法虽然能推导出合理的结论，但却容易受固有概念或理论的束缚，难以产生新的创意。而运用水平思考法，因为有意识地跳出“如果○○，就△△”的一般性逻辑，所以能实现飞跃性的思考。

水平思考法能灵活自由地畅想，因此很适合用于激发新创意，但并不适用于构思能让所有人都接受的方案。

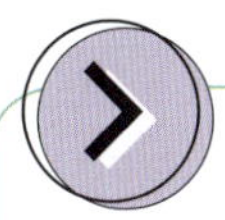

思路

❶［设定主题］设定思考对象（主题）。这个主题，既可以是用于解决问题的点子，也可以是想解决的问题本身。

❷［进行逻辑性思考］设定好思考对象之后，先进行逻辑性思考。这个阶段，可以说是将普遍默认的前提或理论转化为语言的过程。在上述范例中，围绕着吹风机产品这个对象，列出了按一般逻辑所能想到的要素。这时，如果能将不满意或使用不方便的要素加以可视化，就能更容易想到行之有效的点子。

❸［通过水平移动制造偏差］进行“水平移动”，跳出逻辑性思维。如范例所示，尝试推翻“吹风机要用手拿着”的前提，就能产生新的创意切入点。要进行“水平移动”，关键是要无视或者大胆地改变大家认为正确的固有前提。在意识到理所当然的前提的基础上，对这个“理所当然”进行质疑和重新审视。

❹［消除偏差（联系主题）］思考如何将“水平移动”后的想法与主题联系起来。“水平移动”后的想法与原有主题出现偏差，难以直接应用，因此必须消除偏差。例如，思考如何实现“不必用手拿着的吹风机”，就能产生“设置高度适中的吹风机固定架”“开发能自动旋转吹风的机器人”等崭新的创意切入点。然后，再对其中可行的点子进行逻辑性思考，不断地完善该创意。

思考的提示

增加水平移动的切入点

不知道如何找到水平移动的切入点时，可以运用头脑风暴法来激发思维。例如，利用“奥斯本检核表”（Osborn' s Checklist）的9个切入点来激发创意——有无其他用途、能否借用、能否改变、能否扩大、能否缩小、能否代用、能否重新调整、能否颠倒、能否组合。

奥斯本检核表

其他用途	借用	改变
扩大	缩小	代用
重新调整	颠倒	组合

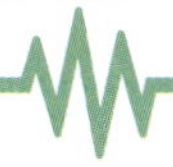

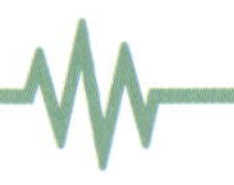

14 逆向思考法

通过思考与常识相反的状况，找到新的创意切入点

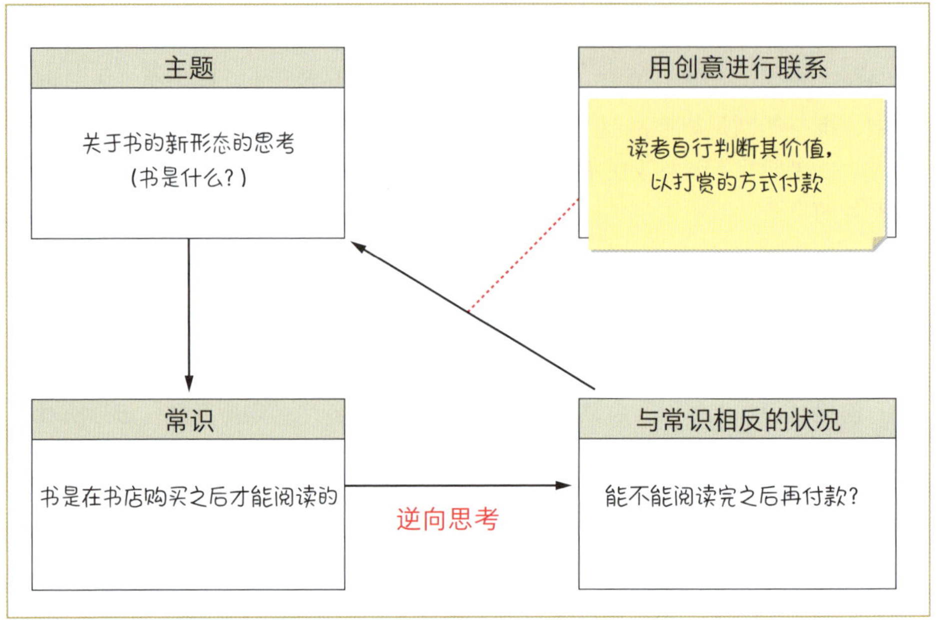

基本概念

所谓“逆向思考法”，是通过思考与一般常识“相反”的状况以找到新创意切入点的思考方式。它能不受常识或定论的束缚，激发灵活自由的思维，也可以说是一种重新审视事物“本质”、探究真理的思考方法。

所谓的“定论”，其实是以过去作为基准而定的。因此，不能盲目相信，而要思考在如今的新时代能否进行改善。

摆脱惯性思维，用相对的视角看待事物——这正是逆向思考法的优点。当你找不到灵感或者因为陷入程式化而苦恼时，请尝试对常识性的想法或前提进行逆向思考，看能不能从中获得崭新的视角。

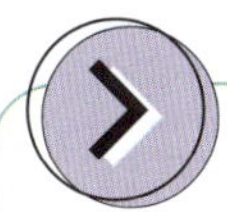

思路

❶［设定主题］将需要思考新视点的课题设定为主题，例如新产品的策划方案或市场营销策略等。在上述范例中，是思考书的新形态。

❷［思考一般常识］先针对设定的主题提出一般常识性的观点。这个步骤，是把大家默认的前提转化为言语。可以把一直以来的常识或由成功经验联想到的东西写出来。

❸［进行逆向思考］对列出的常识性内容进行逆向思考。越是着眼于没人留意到的地方或本定性的东西，就越容易想出创新性的点子。可以采用“虽然○○，但是△△”的句式进行思考。例如，设定这样的逆向切入点：“这里虽然是书店（通常是卖书的地方），但却不卖书。”从这里开始进行创意构思。

❹［创意构思］利用逆向思考获得的视点来构思能应用于主题的创意。在这个构思创意的过程中，必然会思考主题的本质——而这正是逆向思考法的关键。在上述范例中，一般情况是付款之后才能读书，对此常识提出“读完之后再付款”的逆向思路，从而使人重新思考“书是什么？”“共享知识是怎么一回事？”等本定性问题。请从更深层的部分着眼，探讨一下有没有不同的视点。

思考的提示

设想相反的状况或意见

运用逆向思考法时，设想“相反”状况的能力必不可少。因此，在日常生活中培养逆向思考的习惯很重要。这种时候，想一想“反义词”，往往能产生逆向思考的灵感。当你一时不知该如何进行逆向思考时，不妨尝试想想关键词的相反词，由此想象相反的情境。

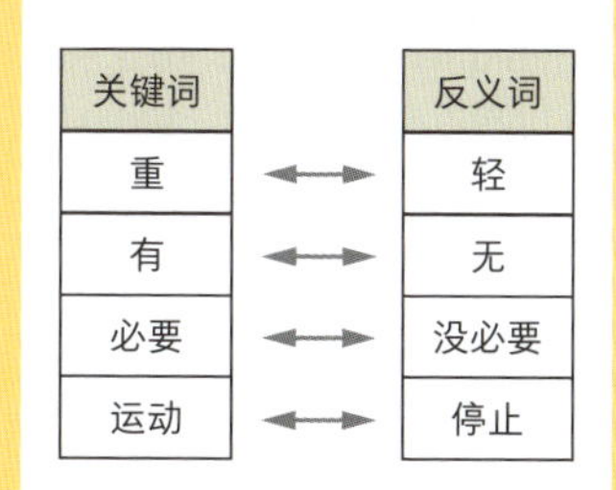

关键词		反义词
重	↔	轻
有	↔	无
必要	↔	没必要
运动	↔	停止

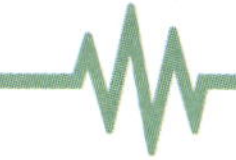

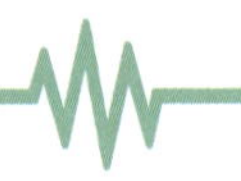

IF思考法

假设前提或条件，扩展创意的广度

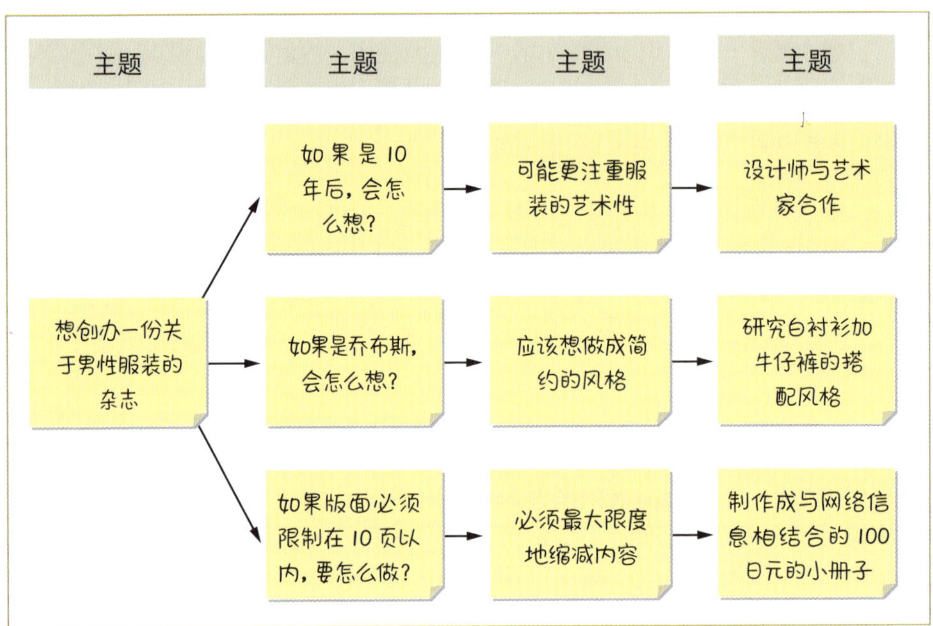

基本概念

所谓“IF思考法”，就是假设一个状况或条件，例如“如果○○会怎么样？”以此来激发创意。其最大魅力，是可以获得在惯性思维框架中无法得到的新创意。

运用IF思考法时，关键之处是通过IF（假设）来改变前提。虽然改变前提是各种思考法的常见手段，但在惯性思维中是很难做到改变前提的。

IF思考法的优点，是有意识地设定一个不同于以往的条件，由此获得不受前提束缚的创意。在日常生活中，请随时设问“如果○○会怎么样？”以此积累各种各样的视点。

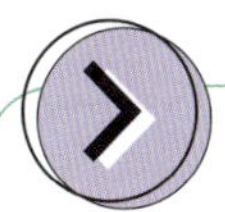

思路

❶［设定主题］将目前发生的问题或对于产品、服务的创意构思设为主题。

❷［思考IF］围绕主题，自己先思考一轮之后，再假设其他状况进行思考。进行假设时，需要想清楚自己想加深思考的理由和目的是什么。以下列出一些具有代表性的切入点。

限定的假设	消除或改变现有的限定或规定之后再思考。
状况的假设	假设某种特定状况（例如“如果公司员工增加10倍会怎么样？”）再思考。
人物的假设	站在别人（例如历史人物、名人、上司、下属、同伴等）的视点进行思考。
时间的假设	不是站在此刻，而是站在过去或未来的视点进行思考。
地点的假设	改变自己所在的位置，设想在其他地区或不同广度的环境中进行思考。

❸［提炼重点］通过假设，思考会出现什么不同于一般想法的变化。例如，假设“如果是乔布斯，会怎么想？”就能提炼出“应该会比我想得简单”等可作为思考基准的要素。

❹［发挥创意］根据运用假设视点提炼出的重点来发挥创意。设定多个假设，就更容易跳出惯性思维框架。

思考的提示

设想一下极端状况

设想一下极端状况进行思考，有时会有新发现。例如，假设“如果一定要靠这件产品赚100万日元，会怎么样？”——与假设“赚1亿日元”的看法就会有不同。当觉得思维陷入程式化时，不妨尝试一下极端的假设。

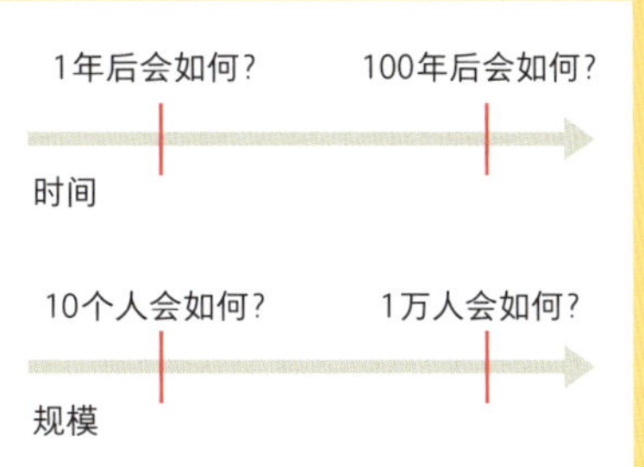

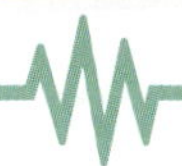

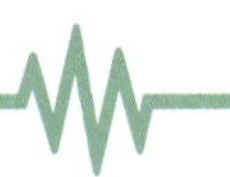

16 外行思考法

以外行人或初学者的视角进行思考

	确认	备注
是否单纯?	×	过于注重与同业竞争者的差别化，从而导致功能太复杂。感觉似乎有 40% 的功能都是不需要的。
是否直接?	×	过于注重市场地位，概念也不太明确。
是否自由?	△	想法还比较灵活自由。但因为过于注重收益，从而限制了思路。
是否简单?	×	随着机能复杂化，操作也变得很难。使用词汇的专业性也太高。

基本概念

所谓“外行思考法”，是以该领域的外行人视角进行思考的方法。专业人士积累了许多知识和经验，能看见许多细节。在深入研究事物时，细节固然重要，但有时反而会妨碍思考。

例如，在创意构思的过程中，有时会因为自己拥有丰富的经验和信息而忽略了本质。另外，在沟通交流的时候，本来可以简单明了地表达，但却因为知道得多而解释得过于详细。

这种时候，就可以运用外行思考法——“外行人会怎么想?”“第一次听说的人会怎么想?”用外行人的视角重新审视，以期获得新点子或接近本质的看法。

思路

❶ [写下此时的思考内容] 针对主题，写下此时正在思考的内容。如果有自己觉得很重要的要点或烦恼，也一起写出来。

❷ [确认是否单纯] 确认思考内容是否太复杂。请单纯地重新思考，以便整理出哪些是重点、哪些是细枝末节。

❸ [确认是否直接] 确认想法是否直接，有没有绕弯，有没有受到偏见、自尊心和表现欲的妨碍。

❹ [确认是否自由] 当视野范围或分辨率提高时，有时会被执念、制约、规则、正确性所束缚。请抛开这些束缚再进行思考。

❺ [确认是否简单] 考虑能否用更简单的方法来思考。拥有丰富知识和技术的人，往往会因为想要使用它们而导致思维固化。请用简单的基础知识或技术来思考。

❻ [完善内容] 用 ❷～❺ 的视角重新审视自己的想法，明确什么才是完成目标的关键要素。信息太多时，必须把信息分成最重要、次重要等层次，再进行思考。

思考的提示

用外行人的视角发挥创意，用内行人的视角付诸实践

在外行思考法中，会用外行人的视角来看待事物，在没有束缚的状态下自由地发挥创意。

然而，在尽情畅想之后，就必须考虑专业性、可行性以及现实中的限制等，充分调动自己的经验与知识去实现它。当你的思考遇到瓶颈时，请有意识地回归外行人的视角，继续发挥创意。

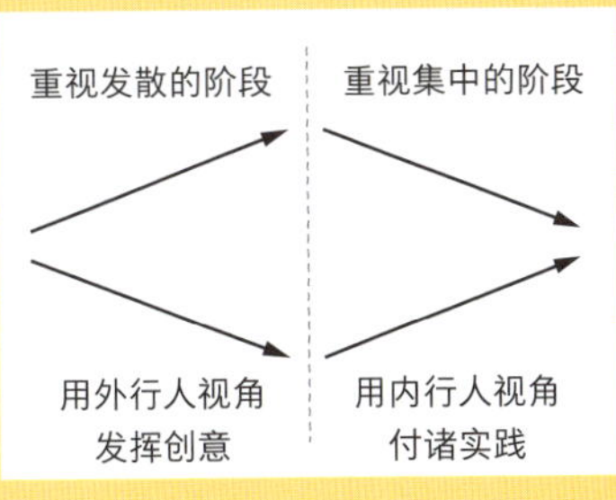

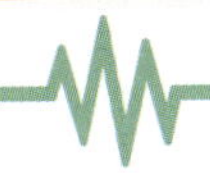

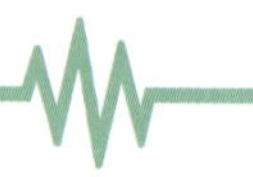

17 两全其美思考法

思考能兼顾两种相反要素的方法

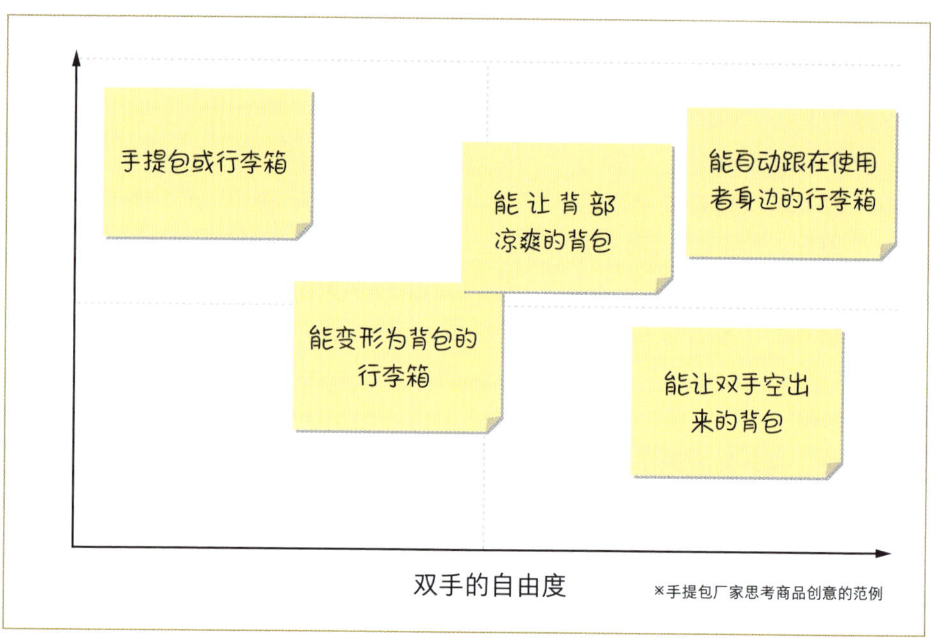

基本概念

为了获得某个事物而不得不失去其他某个事物，这两者的关系称为“tread-off”。典型的例子有质量与成本、工作与私人时间等。而“两全其美思考法”（tread-on）则是突破“tread-off”思维，兼顾两种对立要素的思考方式。

思考如何做到一举两得，由此激发出崭新的创意。

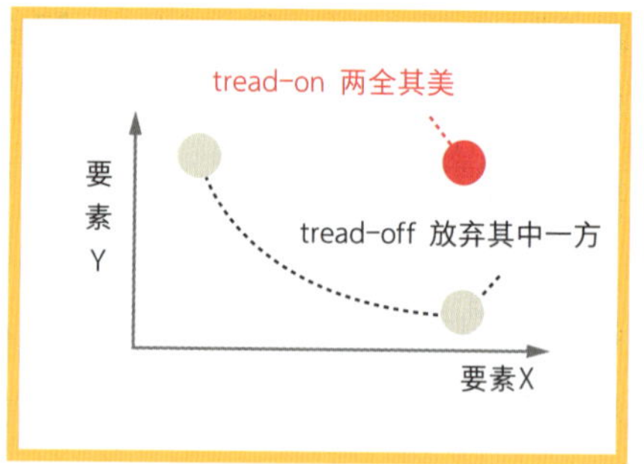

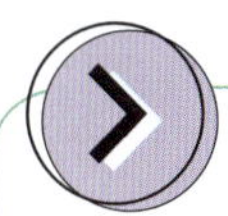

思路

❶［思考想获得什么］以“搬运行李的工具”为例进行思考，希望获得“双手的自由度”，因此想使用背包而非手提包或行李箱。

❷［思考不得不失去什么］思考为了获得 ❶ 而必须牺牲什么。在范例中，为了空出双手而将行李背在背后，但却因此失去了背部的舒适感。尤其在夏天可能会汗流浃背，很不舒服。这时，“双手的自由度”与“背部的舒适感”就处于“tread-off”关系。

❸［思考两全其美的方法］列出tread-off 的要素之后，接着思考能兼顾两者的方法，即“tread-on”的创意。在上述范例中，就是思考“既能空出双手，又能让背部舒适的提包”。如果能做到兼顾双方，就能产生满足需求的创意。

补充 处理tread-off的模式

处理tread-off 时，除了“两全其美思考法”之外，还有另外几种模式。例如，利用tread-off 来确保竞争优势的“舍弃法”以及“平衡法”等。而本书提倡的是，无论最终采用哪种模式，都不能因为tread-off 而停止思考，应该尽力思考“突破”的方法。

思考的提示

找出日常生活中的tread-off关系

想要有效地运用“两全其美思考法”，必须先了解“tread-off 关系”。请尝试找出自己日常生活中的tread-off 关系，例如质量与成本、工作与私人时间、速度与准确性、风险与回报等。利用矩阵的4个象限进行思考会更清楚易懂。

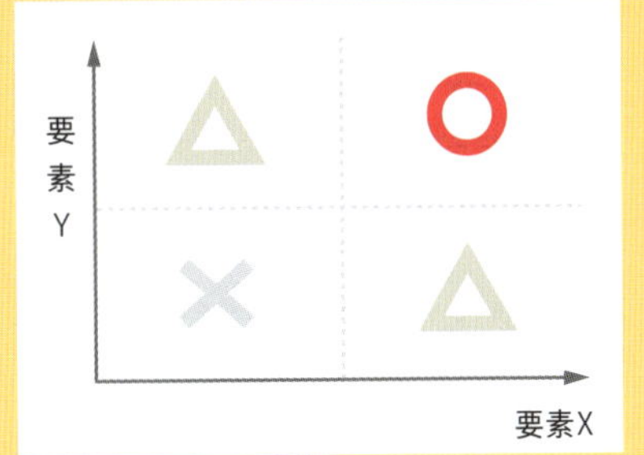

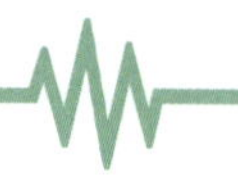

18 正和思考法

思考能让双方增加总和而非互相争夺的方法

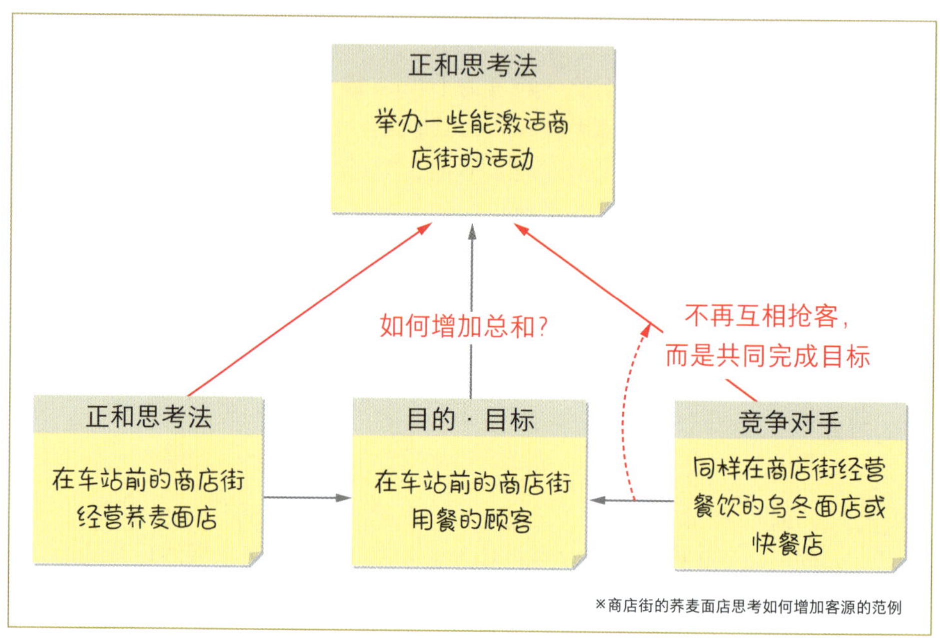

基本概念

在谈判或竞争中，如果双方利益总和为零，称为“零和”（zero-sum）。在零和状态下，只要某一方获得利益，就会导致另一方蒙受损失，即一方存活、一方被淘汰的竞争关系。

而总和不是零的状态，则称为“非零和”（non-zero-sum）。其中，总和为正数的状态，称为“正和”（plus-sum）。所谓“正和思考法”，就是要增加整体总和，使全员获利（双赢），而非在有限的总和中互相争夺。

正和思考法的优点，是能与对手建立互相合作关系，而非零和状态下的敌对关系。

思路

❶［明确本公司的目的或目标］先要明确：在公司准备实施的计划或策略中，第一步要做什么？最终希望获得什么？例如，商店街的荞麦面店，希望得到的就是在商店街用餐的顾客。

❷［将竞争对手可视化］思考一下，在实行❶时，会出现什么样的竞争对手。这时需要关注拥有共同目的或目标的个人或组织。以商店街的荞麦面店为例，位于同一商店街的乌冬面店与快餐店，就可能是竞争对手——大家为了抢夺客源而互相竞争。

❸［思考能否增加总和］思考能增加竞争目标的总和的方法。例如，应该思考“如何增加在商店街用餐的顾客”，而非“如何抢夺在商店街用餐的顾客”。必须抱着共同增加总和、互相分享的姿态，而不是互相抢夺有限的利益总和。正和思考法的关键，在于如何设计出一个与竞争对手朝着同一个方向共同努力的目的或目标。

❹［提出具体构思并实施］提出具体行动的构思——共同举办激活商店街的活动以吸引新顾客，同时在媒体上发布商店街的优惠活动信息，大家互相合作，付诸实施。

思考的提示

要有“划分市场”与“扩大市场”的两种视点

在后面的市场营销思考法（参照→28）中也会提到，市场划分可以说是市场营销的基础。然而，如果按照这个思考方法，往往会忽略如何扩大市场本身的构思。在划分市场的同时，别忘了还有扩大市场的视点。

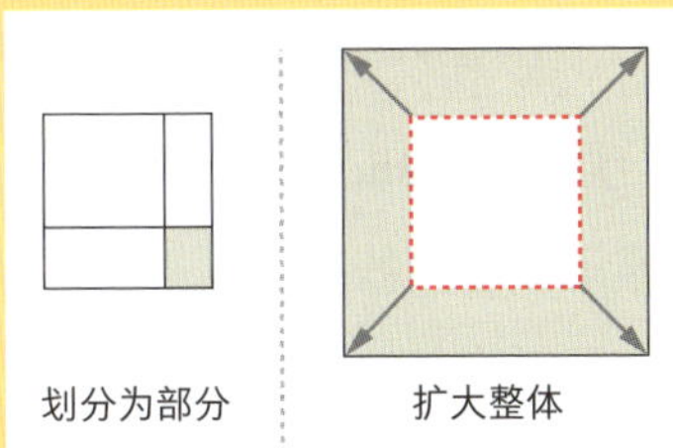

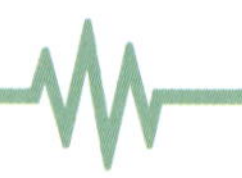

19 辩证法

接受对立，寻找第三个选项的思考法

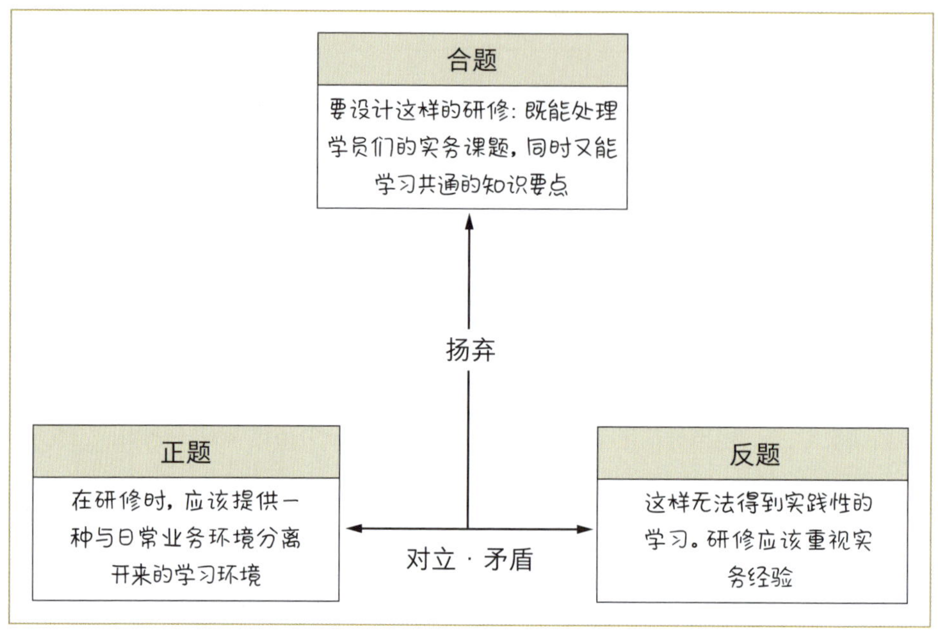

基本概念

所谓“辩证法”，是一种通过整合正反意见而产生更好创意的思考法。一开始设定的、被视为正确的意见（命题），称为“正题”（These）；与正题相反的意见（命题），称为“反题”（Antithese）；把正题与反题整合后产生的意见（命题），称为“合题”（Synthese）。

辩证法就是按“正题→反题→合题”的顺序进行思考，在不同观点的碰撞过程中产生新的创意。这个顺序一般称为“正→反→合”，而按此顺序的整合过程则称为“扬弃”（Aufheben）。

这种辩证法，除了适用于个人思考之外，还适用于与别人在对话中深入探讨。

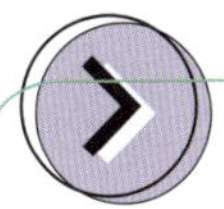

思路

❶ [设定正题] 把一般认为正确的意见设定为正题。除了自己的意见之外，有时也可以把别人的意见设定为正题。正题阶段的特征，就是意见仍以"自我（提出意见者）"为中心。

❷ [思考反题] 思考与正题对立的意见或提议。在这个阶段，必须意识到正题并非唯一答案，应该接纳不同意见。可以说，这个步骤是通过自己与别人的区别来了解自己。

❸ [思考合题] 整合正题与反题，思考更高层次的想法。否定双方部分意见，同时采纳双方部分意见，把思考拓展到更高层次。这并不是"非A即B"的二选一，而是思考"包含A与B、同时又优于两者的C"。

补充 不能把"否定意见"与"否定人格"混为一谈

在辩证法中，由于必须思考对立的意见，因此必然会出现否定别人意见的场景。在与别人的对话中使用辩证法时，需要注意"否定的对象"——应该否定的是"意见"，而非陈述意见者的"人格"。至于否定的目的，是"找到双赢的办法"，而非"打败对方"。如果没弄清这一点，就无法开展积极的对话与思考，所以需要特别注意。

思考的提示

思考会持续深化

当思考出一个合题时，可能又会在这个层次遇到对立的意见或想法。也就是说，合题会变成一个新的正题。进一步探讨这个"新正题"与"新反题"之间的对立或矛盾，就能不断地加深思考，拓展创意。

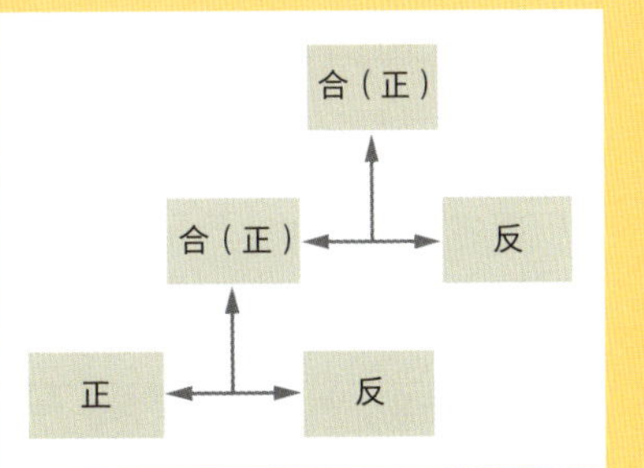

20 故事思考法

以连续性的视点把握事物变化，将思考具体化

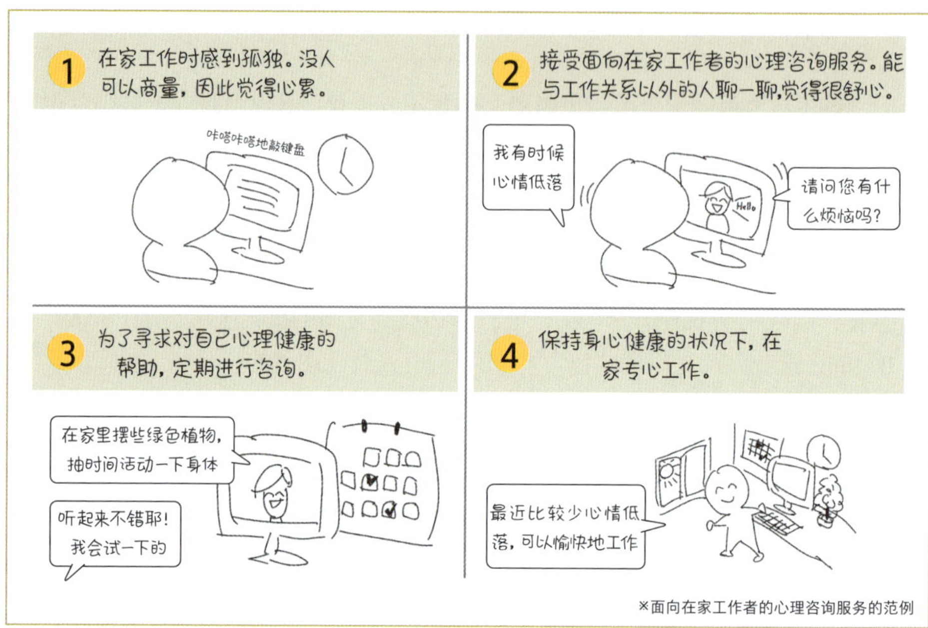

※面向在家工作者的心理咨询服务的范例

基本概念

所谓“故事思考法”，是把事物视为一连串的故事，并加以思考和表现。把“解决问题的流程”“用户价值体验流程”之类的整体流程或部分场景进行具有连续性的可视化。

通过故事进行思考，可以具体呈现出现场的氛围，容易把握时间变化的因果关系，同时在向别人传达信息时也能引起共鸣，有助于记忆。

在拓展创意时的故事思考法，还有“分镜”（story board）（如上图）这种手法。分镜把出场人物的言行等要素凝聚在一个流程中，有助于理解和拓展创意。

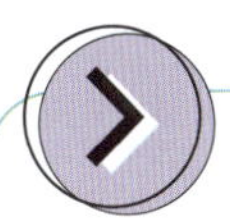

思路

❶［确认问题］先确认是为了解决什么问题，以及如何解决问题。站在顾客的视角思考时，需确认顾客通过使用该产品或服务来体验什么样的价值。在上述范例中，是为了缓和在家工作者的孤独和压力而推出的线上咨询服务。

❷［把出场人物与价值体验的流程转化为文字］把❶明确的出场人物及其行动、台词转化为文字。在整理归纳时，请特别留意以下几点。

- 出场人物是谁？（主角是谁？）
- 面临什么问题？（为什么而烦恼？希望得到什么？）
- 要如何解决该问题？
- 问题解决后，出场人物感觉如何？

❸［制作分镜］把解决问题的步骤（顾客体验服务价值的流程）转化为文字后，画出主要场景，并整理成一个故事。范例中的分镜是以四格漫画形式呈现的。

❹［通过分享故事来完善创意］把完成的故事与别人分享，听取客观的感想和意见。根据在制作故事过程中的感受、看到完成的故事时的发现，以及别人的反应，不断完善创意。

思考的提示

把握呈现故事的手法

故事思考法是一种通过呈现故事来拓展创意的思考方式，因此必须先了解呈现故事的方法。除了范例中的四格漫画形式之外，还有视频、连环画剧、短剧等各种表现手法。请找到一个适合自己的方法，多加练习，渐渐就能运用自如。

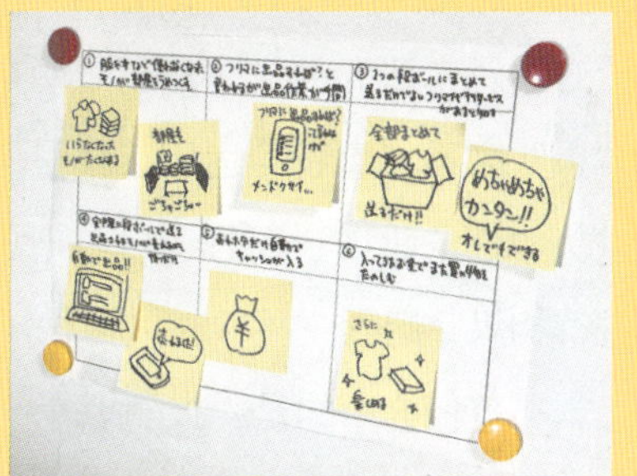

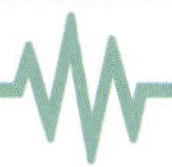

21 二轴思考法

利用两个变量，以俯瞰的视点把握事物

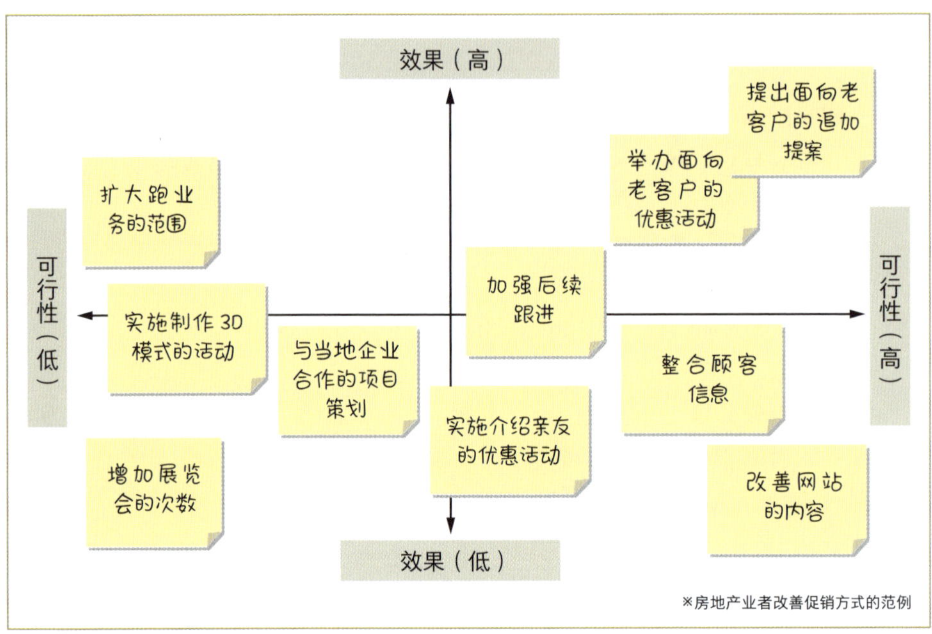

基本概念

“二轴思考法”是以两个变量作为轴，以此整理或理解信息、激发创意。其优点在于，能把丰富的信息整理得简单扼要，而且能俯瞰整体。

二轴思考法的关键，是利用两个轴，像地图一样以“面”来把握整体，而非以“点”来看待事物。运用二轴思考法，有助于整理发散后的创意并通过俯瞰来促进集中性的思考，而且还可以把思考的偏差之处可视化，促进对思考不足的领域进行构思，起到一种“支援构思”的作用。

本书范例介绍的是“报酬矩阵”（Payoff Matrix），即用双轴划分出四个象限进行思考的方法。这种手法以效果和可行性为两轴来评价某个构思。

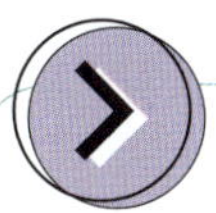

思路

❶［把构思写下来］收集与课题相关的信息，并构思创意。一开始可以自由发挥。上述范例是房地产业者对改善促销方案进行创意构思。

❷［绘图］逐一思考发散后的创意的“效果”与“可行性”，并将其填入对应的象限。这里介绍的是报酬矩阵，把双轴设定为效果与可行性。当然，也可以根据目的设定其他的轴。请在列出的创意中找出共同点，关注重要的要素或具有冲击力的要素，并将其设定为轴。以下是在商务场合中常用的轴的设定方式。

例 轴的设定方式

效果 × 可行性	以效果与可行性作为双轴来评价选项，找出兼顾效果与可行性的方案。
传播手段 × 性质	以“线上——线下”×“实利性——情感”来探讨方案的诉求方法。
回报 × 风险	以能得到的利益与发生风险的可能性为双轴，来决定应采取的方案。
重要性 × 紧迫性	以重要性与紧迫性为双轴来评价选项。还能用于整理任务等场合。

❸［评价、选择、扩展］俯瞰绘制完成的矩阵图，进行评价与选择。将兼顾效果与可行性的点子加以具体化，将可行性低但效果较好的点子加以扩展，由此进一步地拓展思考。

思考的提示

思考各个象限的特征

使用双轴、四象限进行思考的关键，就是要思考四个象限分别具有什么样的特征。

特征会因为轴的设定方式而不同。因此，设定那些具有分类意义的、有助于构思必要行动的轴，就非常重要。

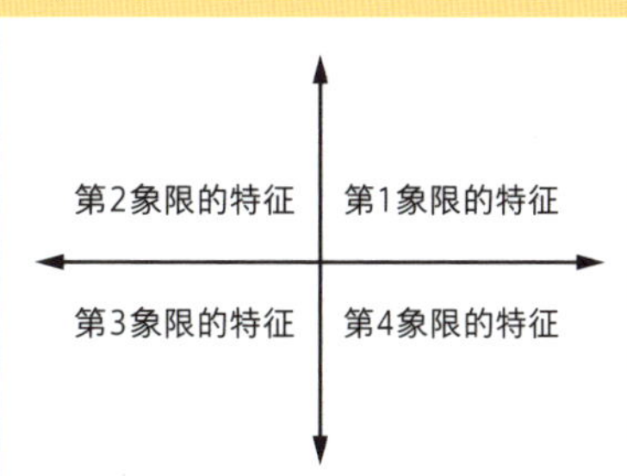

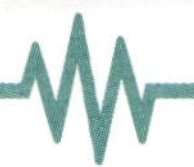

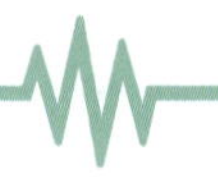

22 图解思考法

用图来思考事物之间的关系

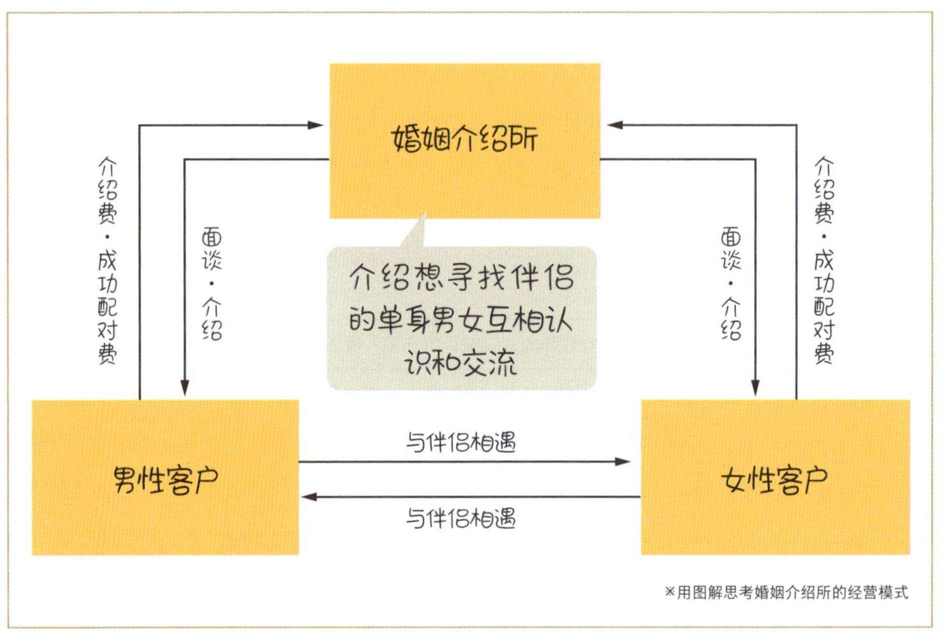

※用图解思考婚姻介绍所的经营模式

基本概念

所谓“图解思考法”，是通过作图来简化复杂信息的关系的思考方式。图解思考法的魅力在于，很容易理解各要素之间的关系——而这些关系仅凭文字是很难理解的。

图解思考法的关键，是“抽象化”与“模式化”。通过抽象化，就能理解与呈现复杂事物的全貌与要点；通过模式化，则有助于从类似问题的事例找到解决方案的线索。

图解思考法适用于创意的集中与发散，另外还适用于方案演示、策划提案等各种场合。上图的范例，是对婚姻介绍所的功能进行图解显示。

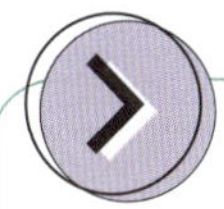

思路

❶［列出图的各部分］写下有关思考对象的各部分信息，然后加以组合、绘制成图。关键在于，必须从各种信息当中提炼出要点，这样才有助于呈现出整体。

❷［整理各部分的关系］思考各部分之间的关系，并进行归纳整理，比如说：是否属于替换关系、从属关系、包含关系、对立关系等。

❸［用图表现出来］图解各部分的关系。看着完成的图，从中获得启发并据此完善创意。图解的表现方法并没有绝对的规则，不过，如果能把握以下这些典型的表现方法，运用图解思考法时就会更得心应手。

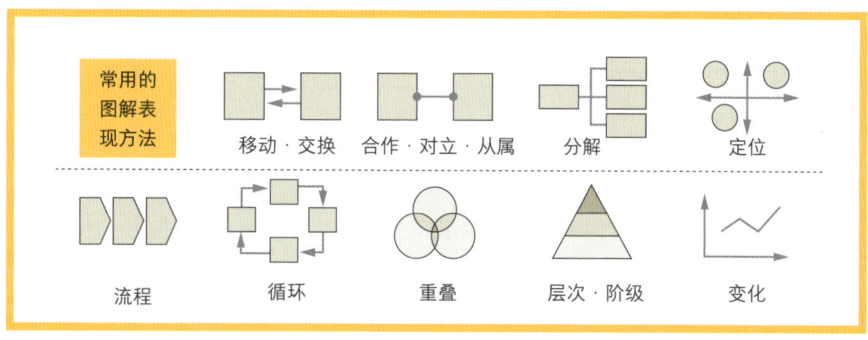

思考的提示

首先要熟悉运用四方形与线条

图解思考法的基础，就是会用四方形和线条来表现各要素之间的关系。

把人、事、物等要素以四方形表示，再用箭头表示在各要素之间移动、交换的事物。请尝试用图解来表现日常生活中的事物之间的关系吧。

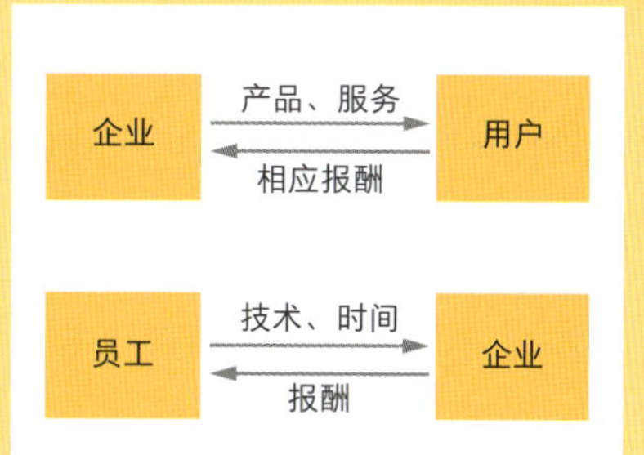

第2章的练习❶

第2章介绍了水平思考法（参照→ ⑬）。水平思考法并不是像逻辑性思考法一样的直线式思维，而是一种非连续性的、扩展性的思维。如果你想拓展丰富的创意，请务必把握这种思考法。

在水平思考法那一小节，举了吹风机作为范例。以下再介绍几个常用于商务场合的水平思考法的切入点。

首先进行逻辑性的分解

实际运用水平思考法的关键，是必须先分解思考对象，再尝试把分解后的各个要素以水平方向移动。

以自己公司的产品为主题进行水平思考时，也可以着眼于市场营销要素。例如，可以把产品分解为“对象”（市场）、“提供物”（产品或服务）、“提供方式”等。请尝试从各种切入点运用水平思考法。

将水平思考法应用于提供物（产品或服务）

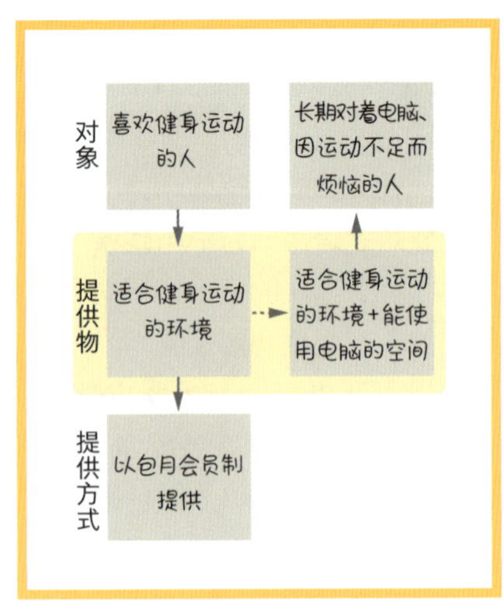

尝试把水平思考法的焦点放在产品或服务上。例如，经营一家面向喜欢健身运动的顾客的健身中心。

第1个着眼点是尝试把“适合健身运动的环境”这个要素水平移动到“适合健身运动的环境+能使用电脑的空间”。

由此提出这样一个假设：可以满足那

些“想找一个适合工作的空间，而且又因为长期对着电脑而运动不足”的客户需求。以此为起点，就能思考出具体的创意。

将水平思考法应用于服务对象（市场）

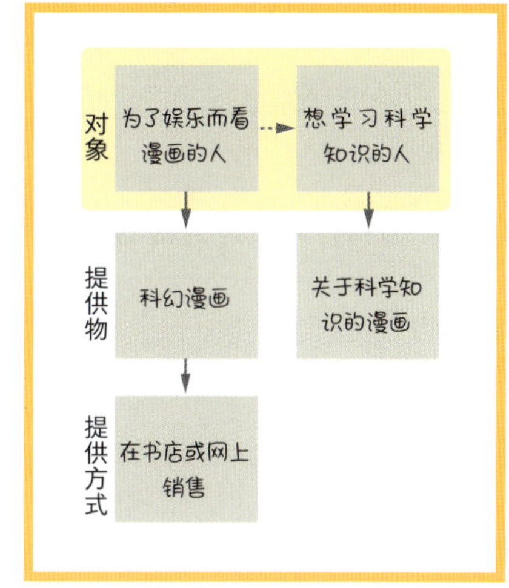

第2个着眼点是市场。假设有一名画科幻漫画的创作者，其创作目的是提供娱乐素材。

原有的市场是“为了娱乐”而看漫画，如果将其水平移动为“为了学习”，那漫画的作画技巧就会随之改变。

由此产生“面向为了学习科学知识的人的漫画”的新点子，然后再具体化为能深入浅出地解说的“用漫画学科学的教科书”等创意。

将水平思考法应用于提供方式

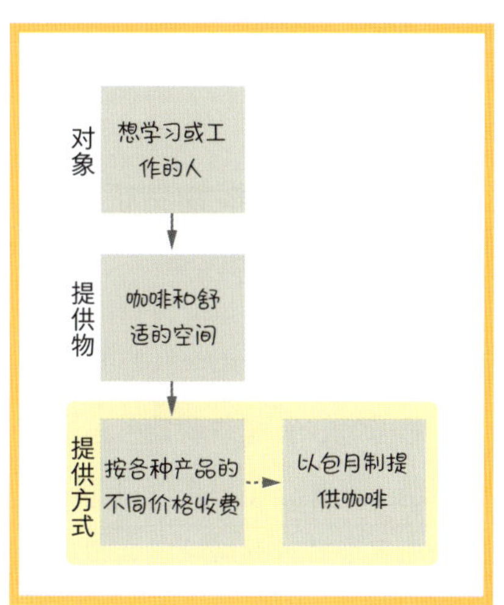

第3个着眼点是提供方式。以经营咖啡厅为例——向想读书或工作的人提供咖啡与舒适的空间。在大多数咖啡厅，各种产品会设定不同的价格。

针对价格这一点，如果将其水平移动为“包月制”，就能设想出新创意，例如“每月交固定费用，就能尽情畅饮咖啡（上限30杯）”。

第2章的练习❷

接下来要做类推思考法（参照→⑫）的练习。类推思考法可应用于各种场合，也能与本书介绍的其他思考法配合使用，是一种很重要的思考法。请多方尝试不同的组合方式，学会怎么应用。

把各种要素设定为基础领域来进行练习

想有效地运用类推思考法，关键在于把远离目标领域的要素设定为基础领域。如果目标领域是“乌冬面店”，不仅局限于从“面类”的“荞麦面店”“拉面店”进行类推，而可以从“食物”这个大范围开始类推，例如“法国料理餐厅”或“寿司店”等。

另外，还可着眼于乌冬面“形状细长”的特征，试试看能否从“铅笔”或“电源线”获得启发。

本章练习结尾处，列出了可设定为基础领域的要素范例。请尝试着从看似毫无关联的事物之中找到某种共同点，由此寻找创意的灵感。

从事物特征进行类推

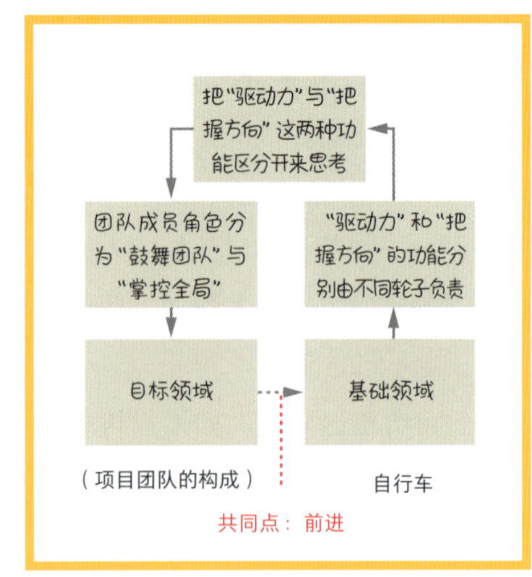

思考日常生活中的物品或生物的特征，思考有没有哪些要素可运用于自己的课题。例如，在思考项目团队的运作时，如果把基础领域设定为“自行车”，可以由此联想到什么呢？

例如，项目团队和自行车的共同点

是“前进”。再进一步思考：自行车在前进时，必须由前后两轮分担不同的功能（前轮负责把握方向，后轮负责驱动）。着眼于这一点，就能类推到团队——团队成员也可分为“在现场鼓舞团队前进”和“掌控全局，调整进度”这两种角色，由此拓展创意。

从其他行业进行类推

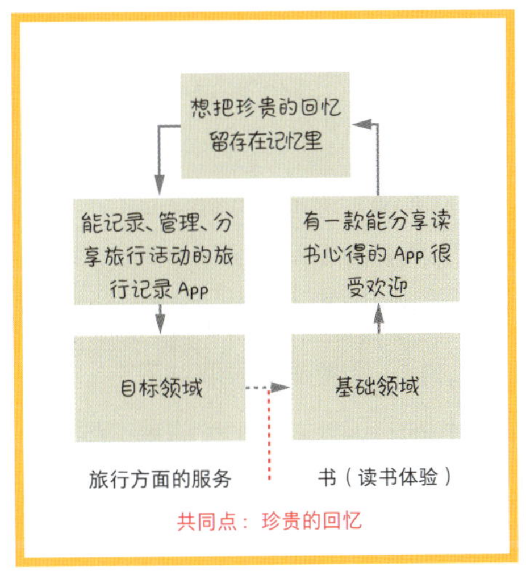

对产品、服务以及商务方面的问题解决方案进行思考时，可以从其他行业获得灵感，这也是类推思考法最典型的应用方法。

例如，公司正准备推出某项旅行方面的服务，这时你正好看到一款能分享读书评论的读书记录App，就可以思考能否将其转换为“旅行版”。

当思考陷入程式化时，不妨把目光转向其他行业。尤其是在传统与数码、B2C与B2B模式之间转换思考，就容易获得崭新的视点。

从故事进行类推

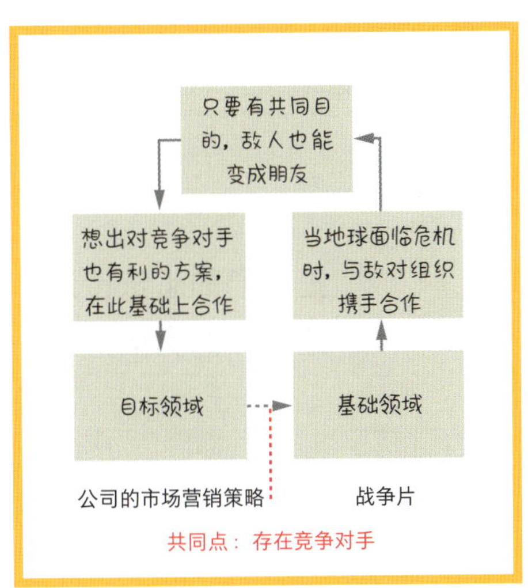

从故事进行类推，也是工作中经常使用的方法。例如，可以从竞争对手的成长故事得到启发。另外，电影或小说所描写的故事也可以成为类推的对象。

当你在电影中看到“两个互相对抗的敌对组织在地球面临危机时转为携手合作”，不妨思考一下可以从中学到什么。

构建合作关系的过程中，双方采取了什么样的行动？如何沟通？想出了哪些办法？……可以着眼于“流程”，以此发掘创意灵感。

从国外的先进事例进行类推

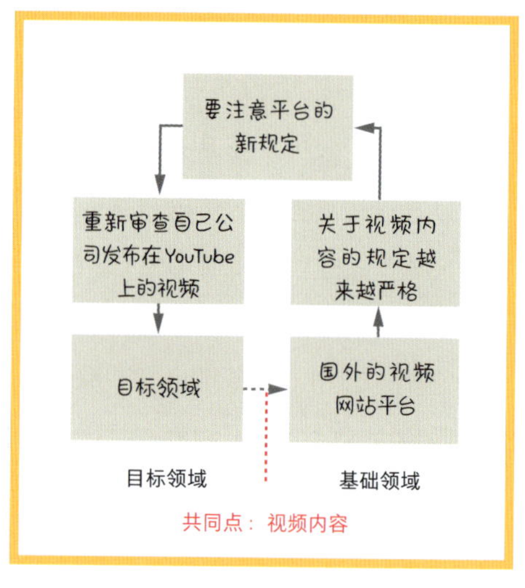

商务场合中常用的类推思考法，就是参考国外的先例。从国外已经实行的某个事项，可以类推到不久之后会传入国内，因此需要提前采取对策。

例如，国外对于平台的规定越来越严格，由此可以类推：不久之后，国内对于平台的规定也会变得更严格。预见到这一点，自己公司就可以提前重新制定相关标准。

请尝试从地理位置或时间轴不同的地方获得启示吧。

把自己的想法传达给别人的类推方式

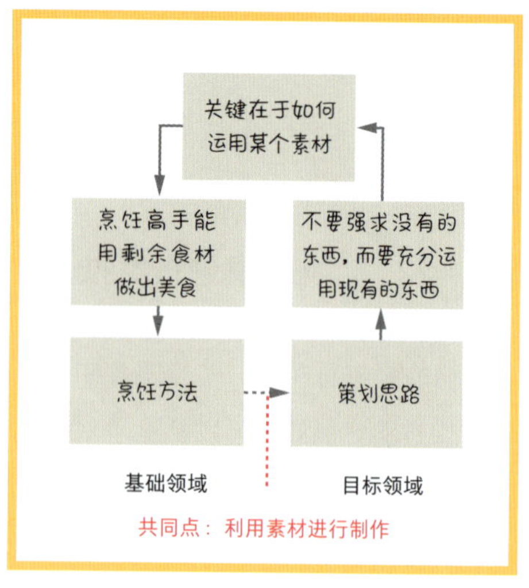

上述例子都是以外部信息为基础领域，把信息导入内部的“输入”范例。不过，类推思考法不只适用于吸收信

息，同样也适用于向别人传达信息的“输出”场合。

例如，想向新员工传授策划思路时，就可以用“烹饪”这种日常话题来帮助对方理解。

思考一下，在传达想法或产品时，如何利用对方熟悉的领域来举例。

把各种要素设定为基础领域来进行练习

运用类推思考法，就能从各种事物中获得解决问题的启发。然而，这样的能力并非一朝一夕就能养成。我们必须养成习惯，在日常工作和生活中从各种事物发掘灵感。

下面列出一些基础领域的关键词。如果觉得对哪个关键词感兴趣，就请挑选出来，想想看能否应用在自己的课题上。写下与关键词相关的有趣经验或要素，思考一下为什么会觉得它有趣，并加以应用。

如果觉得哪些点比较便利，就思考为什么便利；如果觉得有问题，则思考是什么样的问题。在头脑中思考其构图，找出能运用于自己的课题（目标领域）的要素。

烹饪 / 打扫 / 育儿 / 生孩子 / 洗澡 / 电影 / 漫画 / 上下班高峰 / 闹钟 / 微波炉 / 信用卡 / 游戏 / 拼图 / 猜谜 / 棒球 / 足球 / 柔道 / 剑道 / 马拉松接力赛 / 奥运会 / 服装换季 / 人行横道 / 电梯 / 作曲 / 出版 / 日本 / 美国 / 中国 / 贸易 / 国会 / 学校 / 教育 / 公司 / 军队 / 裁判 / 鸟 / 鱼 / 昆虫 / 蜕皮 / 冰河期 / 温室效应 / 收入差距 / 老人护理问题 / 生活习惯疾病 / 工作与生活的平衡 / 社交媒体 / 广播 / 电视 / 电动牙刷 / 双层床 / 折叠自行车 / 搬家 / 选购家具 / 圆桌 / 延长线 / 购物网站 / 购物中心 / 图书馆 / 餐饮店 / 车站 / 高速公路 / 自动售货机 / 加油站 / 便利店 / 医院 / 统计学 / 生物学 / 经济学 / 哲学 / 农业 / 工业 / 服务业 / 零售业 / 工程师 / 会计师 / 司仪 / 艺术家 / 医生 / 泡沫经济崩溃 / 锁国 / 小酒馆 / 餐厅 / 外卖比萨 / 回转寿司 / 旧书店 / 章鱼小丸子 / 汉堡包 / 圆白菜肉卷 / 新年 / 婚礼 / 圣诞节 / 万圣节……

专栏 “开放式问题”与“封闭式问题”

持有各种各样的问题（视点），对于培养丰富的思考能力是很重要的。本书是关于思考法的讲解书，同时也是“赠送”给大家许多问题以拓展思维的书。

有助于拓展思维的问题，主要是“开放式问题”与“封闭式问题”。这与本章开头介绍的“发散与集中”也有密切关系。

开放式问题

所谓开放式问题，就是可以有无数答案的问题。例如“你认为什么样的视频才能让10多岁年龄层的用户产生共鸣？”“你觉得什么样的网站比较有趣？”类似这种问题，可以自由地回答。开放式问题适用于发散的阶段。

封闭式问题

所谓封闭式问题，则是答案受限定的问题，包括回答Yes或No的问题，或从几个有限选项中进行选择的问题。例如：“你认为男性美容市场今后会扩大吗?”“你认为现在应该致力于哪一项——商务、技术还是艺术?”“在刚才提出的这些创意里，你觉得最有魅力的是哪一个?”……封闭式问题适用于集中的阶段。

反复地进行开放与封闭

只要反复地提出开放式问题与封闭式问题，就能不断完善创意。通过开放式问题拓展创意，通过封闭式问题集中思考，不断反复进行，就能提升思维的质量。请随时记得运用这两种问题来发挥创意。

提升商业思考力

23 价值提案思考法

24 种子思考法

25 需求思考法

26 设计思考法

27 商业模式思考法

28 市场营销思考法

29 策略性思考法

30 概率思考法

31 逆推思考法

32 选项思考法

33 前瞻思考法

34 概念性思考法

提升商业思考力

本章介绍的思考法，适用于构思商业创意、创立新事业、设计新产品或新服务等场合。

何为“构思商业创意”

生活在世界上的人，经常会遇到各种各样的“困难”，提供产品或服务来解决这些困难，同时获得相应的报酬，就是商业的基本原理。所谓“构思商业创意”，就是“思考对别人有用的方法”，即思考如何为顾客解决问题。进行思考时，关键的视点是“为谁”“解决什么问题（烦恼或需求）”“如何解决”。

从现有的商业活动获得启发

要思考“为谁”“解决什么问题”“如何解决”——说来简单，但真正开始思考才发现并不容易。当思路不畅时，请先留意一下世界上有哪些商业活动吧。

例如，面向那些没空做家务之人而推出的“清洁服务”；面向那些很难买到适用产品的左撇子而开的“左撇子用品专卖店”……请透过“为谁”“解决什么问题”“如何解决”这三个滤镜，重新审视自己的日常生活。这样的话，就能提高对别人的烦恼或需求的敏感度，也就更容易产生商业创意灵感了。

了解别人，观察别人

要思考为谁解决问题，关键是要先了解别人。因此，需要留心“观察”别人。本章介绍的“需求思考法”和“设计思考法”，正是通过观察别人来激发创意的思考法。多关注对方言行后面的背景，提高观察力，想象到表面看不见的部分。

如何实现商业创意

找出客户面临的问题后，就要思考该如何提出解决方案。这时需要从各方面的视点来考虑。在本章介绍的思考法中，尤以“商业模式”“市场营销”“策略”等关键词最重要。

要让一项商业成立，就必须设立一个能持续获得收益的架构。既要想办法让客户了解自己公司，也要在同业竞争者环视之下发挥自己公司的优势。为了不让创意停留在空想，让我们一起来训练商业思考力吧。

把使命、愿景与价值转化为文字

将产品或服务推向市场并开展商业活动时，最关键的是“使命（Mission）、愿景（Vision）、价值（Value）”。所谓“使命”，是关于“为什么要开展这项事业”的存在意义或存在目的；所谓“愿景”，是关于“要实现什么样的未来目标”的理想；所谓“价值”，则表示某个组织为了实现使命和愿景而贯彻的价值观或行动方针。

商业活动并非单纯追求利润。对于社会或对于组织成员来说是否有意义，也非常重要。

例如，有这么两个组织，一个的事业目标是“成为该地区编程培训业务的No.1”，另一个的事业目标是“通过编程教育培养全球化人才”——这两种目标的号召力肯定是截然不同的。对此深入思考并转化为文字，不但能让顾客准确了解这项产品或服务，还能促进合作伙伴与员工达成共识。

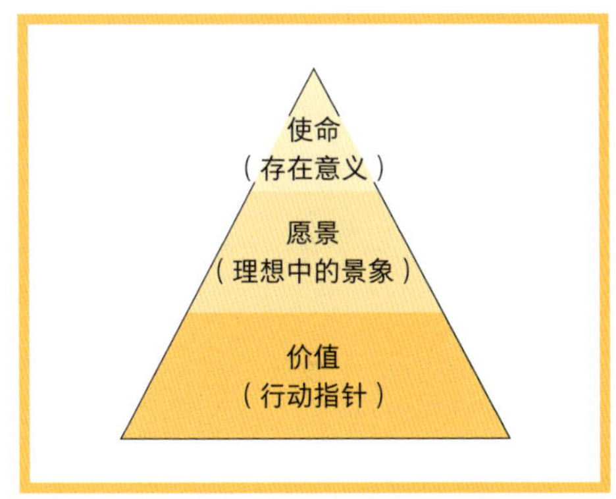

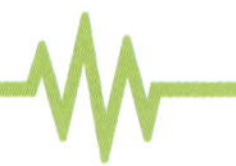

23 价值提案思考法

思考能提供什么样的价值

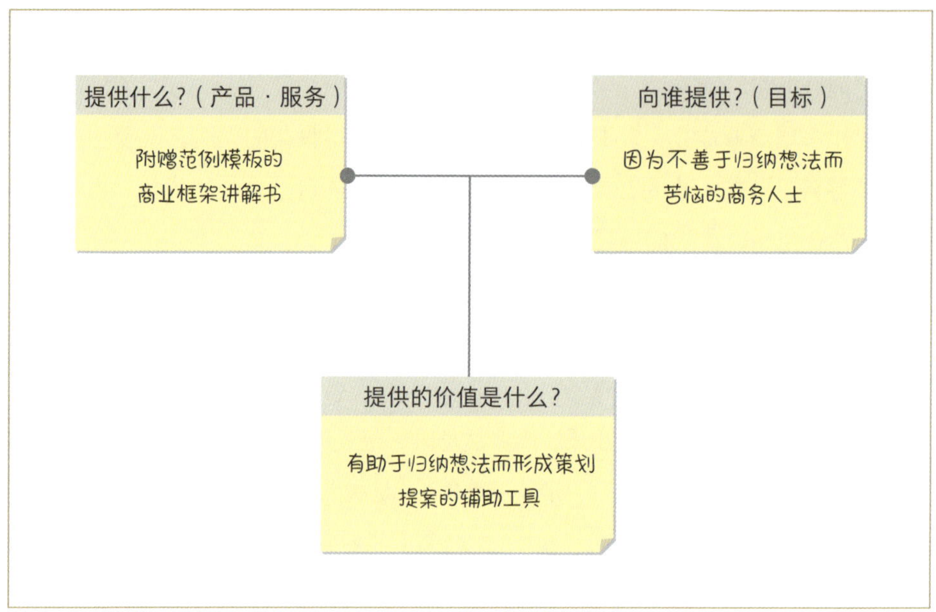

基本概念

所谓“价值提案思考法”，是聚焦于产品或服务所提供的价值并对此深入思考的方法。对“价值”进行思考，也可以说是思考对人有用的方法、思考令人快乐或是减少痛苦的方法。此时最重要的问题是：“我（的产品或服务）对谁有用？有什么用？”这个问题将成为构思商业创意时的核心。

接下来要介绍的商业模式思考法（参照→27），就是在这个“价值”思考的基础上再加上“如何长期提供价值”的视点。此外，还有实际讨论产品或服务时从顾客的烦恼进行思考的需求思考法（参照→25），以及从自己公司的优势进行思考的种子思考法（参照→24）。

思路

❶［对提供物进行思考］从目前已提供的产品、服务或今后即将提供的产品、服务中挑选出思考对象，然后列出其功能与特征。例如在上述范例中，“商业框架讲解书”是功能，“附赠范例模板”则是特征。

❷［对顾客进行思考］明确向谁提供产品或服务。需要思考：顾客是谁？该顾客的相关问题点是什么？思考问题时有两个切入点，第一是顾客的“希望”，第二是顾客的“苦恼”。在范例中，我们把“因为不善于归纳想法而苦恼的商务人士”设定为价值提案的对象。

❸［对价值进行思考］思考自己公司通过产品或服务向顾客提供什么价值。思考的重点，在于如何解决 ❷ 所说的顾客的相关问题点。通过 ❶ 列出的产品、服务的功能与特征，应该能给顾客带来某种变化。产生这种变化的，就是价值。在范例中，能给顾客带来变化，使其“运用敏锐的思考法让策划方案获得通过”，像这样“有助于归纳想法而形成策划方案的辅助工具”就是价值。

❹［对产品或服务的形态进行思考］确定想要提供的价值之后，还必须思考产品或服务的最合适的形态与内容是什么。在范例中，价值是“学会构思策划方案”，接下来就可扩展出“提供策划书的模板或范例以增加附加价值”等创意。

思考的提示

思考价值体验的Before（之前）和After（之后）

对提供价值进行思考时，需要重点关注顾客在体验该产品或服务之前和之后有什么不同（差距）。

请思考一下：顾客在体验了你公司提供的产品或服务之后，出现了什么样的变化？

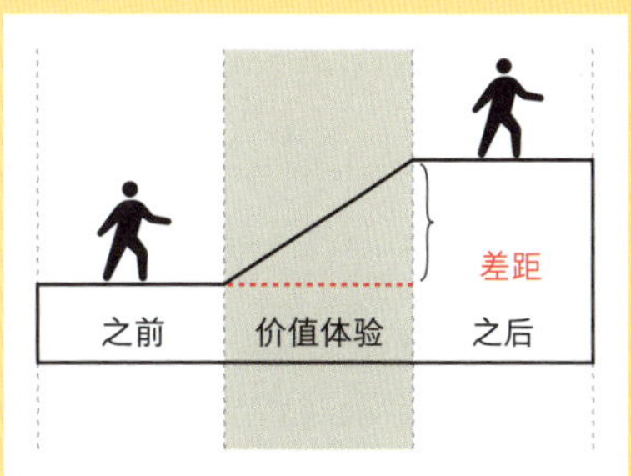

24 种子思考法

以自己拥有的资源或优势为出发点来思考价值

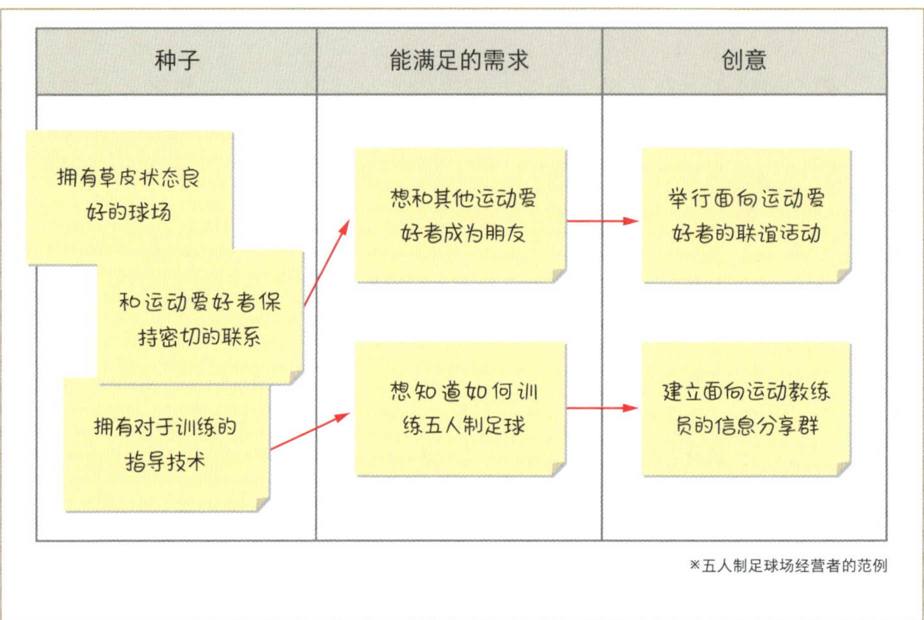

※五人制足球场经营者的范例

基本概念

所谓“种子思考法”，是一种充分利用自己拥有的资源或优势来创造价值的思考方式，常与以顾客需求为出发点的“需求思考法”（参照→25）搭配使用。

种子思考法的重点，是要随时问自己：“如何运用自己拥有的东西？”需要思考，如何通过自己拥有的技术、技能、知识、设备来解决问题或服务于别人。而想了解别人的烦恼或问题点时，可参考下一小节介绍的需求思考法。

种子思考法是和需求思考法搭配成对的思考方式，二者之间并无优劣之分。因为，如果不明确对方的需求，就无法为其创造价值；如果不能充分运用自己的资源和优势，同样也无法创造价值。请务必搭配使用这两种思考法。

思路

❶［把“种子”可视化］把目前自己拥有的“种子”即资源或优势转化为文字。“种子”一词虽然多指技术层面，但不必拘泥于此，请参考下列项目找出自己公司的资源和优势。另外，有些要素可能自己没有意识到，可以请别人站在客观的角度帮助你寻找。

人才	本公司的人才拥有什么样的技术或经验？
技术开发	拥有什么样的技术或设备？
资金筹措	在资金基础以及资金筹措方面是否有优势？
制造	在制造技术、设备、操作系统等方面是否有相关经验？
物流	物流体系或合作伙伴是否具有优势？
策划	是否拥有独特的策划技巧或擅长的策划模式？
销售	拥有什么样的销售渠道与宣传技巧？
服务	在客户跟进与沟通方面有什么样的技巧或经验？

❷［思考能满足什么需求］思考自己拥有的“种子”能满足什么样的需求。可以通过设问来筛选出自己能满足的需求，例如：“能否满足不同于现有‘种子与需求组合’的新需求？”“如果有这样的需求，自己公司的‘种子’优势就能发挥出来吧？”

❸［思考创意］思考该如何运用“种子”才能满足❷的需求。

思考的提示

寻找新的“种子与需求”的组合

通过绘制矩阵图来思考关于产品、服务或事业的创意。

以自己公司拥有的“种子”为纵轴，以顾客需求或社会需求为横轴。对应着每一格的搭配，思考能否产生新的点子。

	需求	需求	需求
种子			
种子			
种子			

通过交叉部分的搭配进行创意构思

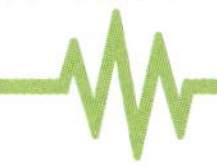

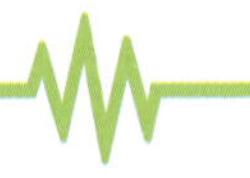

25 需求思考法

以顾客的需求为出发点来思考价值

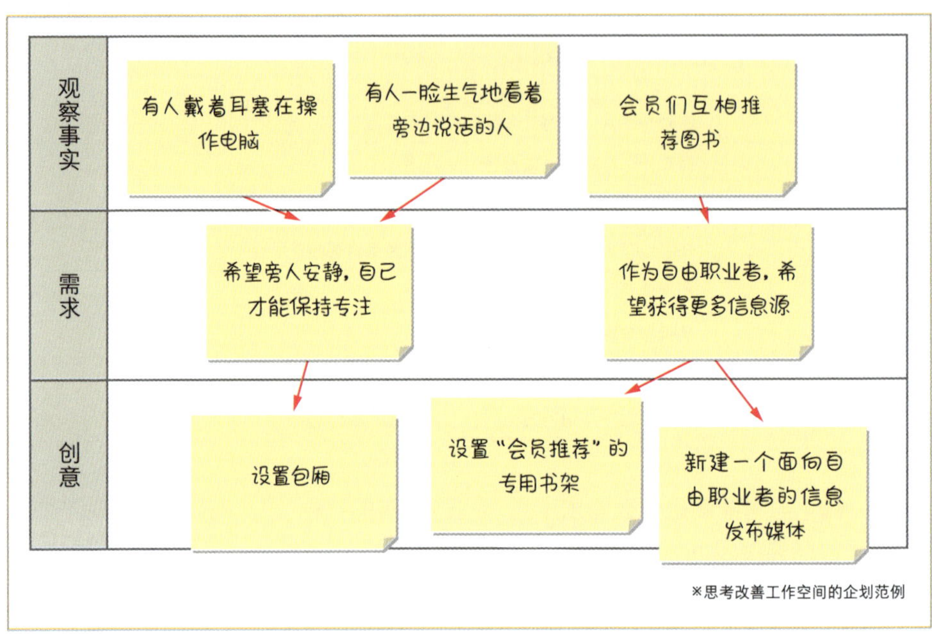

※思考改善工作空间的企划范例

基本概念

所谓“需求思考法”，是充分了解顾客的需求（烦恼或愿望），并以此为出发点构思创意。把握顾客的需求，了解到他们“为了○○而烦恼”或“希望○○就更好了”，思考如何才能满足这些需求。常与以自己拥有的资源或优势为出发点进行思考的“种子思考法”（参照→24）搭配使用。

在实际运用需求思考法时，先需要仔细观察顾客，并深入理解其需求。除了直接从顾客的言行举止把握其需求之外，还需要挖掘出顾客潜意识里的“潜在需求”。在解决问题时，越了解顾客的深层需求，就越可能激发本定性的、革新性的创意。

思路

❶［观察行动］观察顾客，从顾客的言行举止中收集信息。观察时，首先需要如实记录下来。记录时应重视“What”和“How”——观察和分析顾客在做什么以及具体如何做。

补充 显性需求与潜在需求

需求可分为两种——顾客自己意识到的“显性需求”和顾客自己还没有意识到的“潜在需求”。例如，在“想买书”这个显性需求的背后，可能有着“想提高工作能力”“不想在快速的社会变化中落伍”等更深层的潜在需求。

❷［思考需求］从观察到的内容来思考顾客有什么需求。❶观察行动时应重视“What”和“How”，而思考需求时的关键则在于“Why”。思考顾客的言行背后隐藏着什么样的需求、情感和意义。

❸［通过提问引出需求］对于无法通过观察得知的需求，可以向顾客提问并加以分析。提问方式有询问、问卷调查、集体访谈等。可以直接问：“您现在有什么烦恼？”也可以提出假设性的问题：“如果有○○这样的功能，您觉得使用起来方便吗？”以此深入挖掘对方的需求。

❹［思考满足需求的方法］把需求可视化之后，再思考能满足其需求的创意。

思考的提示

培养对于看不见的另一面的想象力

实际运用需求思考法，其实就是思考某事物的背后隐藏着什么。这除了适用于产品或服务的创意构思之外，还适用于日常生活的交流沟通。请开动脑筋，思考别人的言行背后隐藏着什么希望或愿望吧。

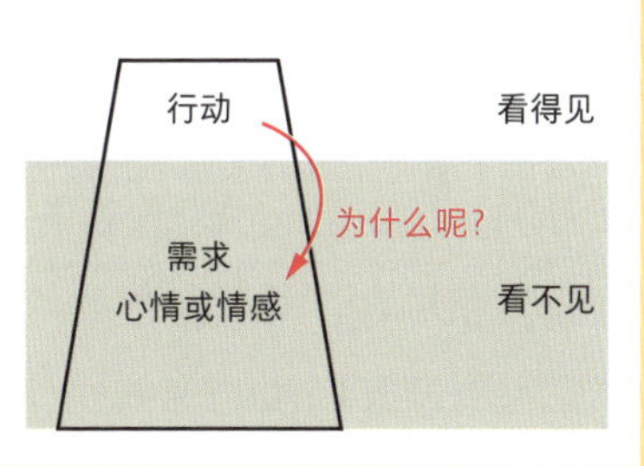

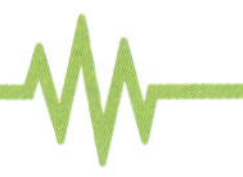

26 设计思考法

利用设计师的思考模式来把握需求、构思创意

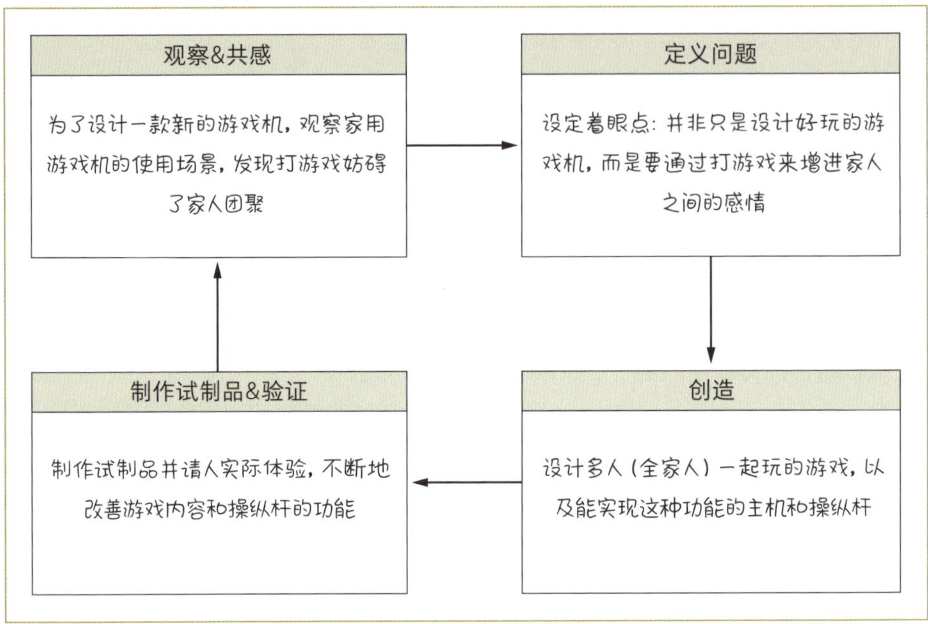

基本概念

所谓“设计思考法”，是利用设计师的思考模式与视点，准确地把握顾客的需求并创造价值。不仅可以设计物品的形状与功能，还可以把用户的“体验”设计成更理想的形态，由此解决问题。

从策略理论开始进行逻辑性思考，只适用于有明确需求的状况，而不太适用于在日新月异的变化之中发现新需求。相反，设计思考法的特征则是这样的：亲自到现场观察顾客，发掘出连顾客自己都没意识到的深层需求，并想方设法满足其需求。接下来按4个步骤来说明设计思考法的思路。

思路

❶［观察顾客并产生共感］仔细观察顾客的体验，深入了解其背后的想法与情感。通过观察顾客行动或访谈，或是自己也去亲身体验一次，由此把握顾客潜在的深层需求。

❷［定义问题］整理通过共感而获得的顾客需求，确定要解决的问题。也就是说，仔细思考：对于收集到的信息，应该聚焦于什么地方？在定义问题时，需要思考：如果能解决该问题的话，顾客是否会变得幸福或快乐？

❸［提出创意］思考如何才能解决在❷定义的问题。构思创意时，首先需要重视创意的数量。并非从现有框架中评选出最合理的点子，而是尽量把所有的可能性都列出来。

❹［制作试制品并进行验证］为了使创意具体化，需要制作试制品（prototype）。这个步骤是把创意转化为看得见的、触摸得到的形态。制作试制品的目的，是激发灵感、加深共感、验证创意的可行性。确认试制品在顾客的生活中如何发挥功能，然后根据反馈继续加以完善。制作试制品时，并不要求做出十全十美的东西，而是尽快制作一个小的雏形，再逐步改善。

思考的提示

需求的探究与创意的可行性

运用设计思考法时，需要在把握需求、构思创意的基础上，注重三个要素：人（对人是否有价值）、技术（运用什么技术来实现）、经济（能否成为持续性的产业）。充分地发掘顾客的需求，而且还需要有思考如何实现的视点。

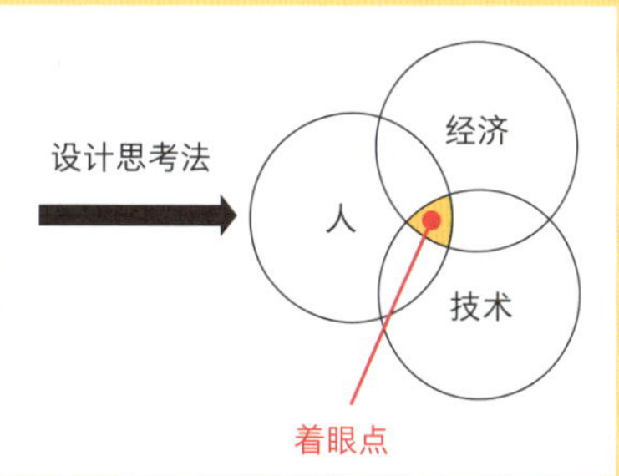

商业模式思考法

思考能持续提供价值的构造

KP主要合作伙伴	KA主要活动	VP价值提案	CR与顾客的关系	CS顾客类别
能协助托育的、有托育经验或育儿经验的人 经营育儿相关产业的企业、组织和设施	工作环境的设置和运营	附带有儿童活动室的共用工作空间 没有专门的保育员带孩子。家长可以安心工作	可以使育儿生活更充实的社群	想工作但却要带孩子、很难确保完整工作时间的女性 想工作，同时又对育儿方法感到不安
	KR主要资源		CH渠道	
	拥有共用工作空间的设备以及运营技术		网上打广告到妈妈社群推广	

C$成本构成	R$收益模式
共用工作空间的管理成本 保育员的人工费	使用共用工作空间：8000日元/月 使用儿童活动室：4000日元/月 ※实行会员注册制度，不接受单次使用

※附带有儿童活动室的共用工作空间的商业模式

基本概念

所谓“商业模式思考法”，是思考用什么构造可以为顾客持续提供价值。有时虽然能向顾客提供价值，但却无法持续创造并提供，这样就会沦为昙花一现。关键在于，在思考“向谁、如何提供什么样的价值”的基础上，还要思考“如何创造资源流以持续提供价值”。

运用“商业模式图”（Business Model Canvas），有助于思考向顾客提供价值时的必备要素，理解商业模式的构造。商业模式的思考方法有很多种，这里介绍的商业模式图，是一种能轻松地把创意转化为产业的思考方式。

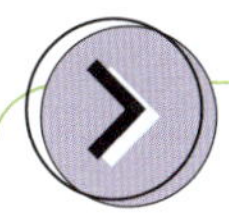

思路

❶ [整理信息] 对思考商业模式的基础信息（向谁提供什么价值）进行整理。运用商业模式图时，需要思考以下9个要素，以此来理解和构建商业模式。

顾客类别（CS）	顾客是谁？主要涉及有什么需求的顾客群？
价值提案（VP）	能提高什么价值来解决顾客的问题或课题？
渠道（CH）	如何做好提供价值所需的沟通、促销和流通？
与顾客的关系（CR）	要与顾客建立什么样的关系？
收益模式（R$）	提供价值之后，如何获得收益或报酬？
主要资源（KR）	为了提供价值，需要什么资源（人、物、资金、信息）？
主要活动（KA）	需要开展什么样的活动？
主要合作伙伴（KP）	为了开展活动或获得资源，需要与什么样的人或组织合作？
成本构成（C$）	在运营过程中会产生什么样的资金成本？

❷ [构思创意] 整理上述要素之后，思考如何能实现持续提供价值的架构，提出创意。从众多创意中挑选出最佳方案，深入探讨，整理成一个商业模式。

❸ [实施和改善] 将整理好的商业模式付诸实施，验证是否像预期那样发挥功能。持续地进行改善，使之成为更完善的商业模式。

思考的提示

3个首要的着眼点

运用商业模式思考法时，首先必须注意的3个着眼点是“向谁提供价值”“提供什么价值”“如何获得持续性的收益”。

这3个着眼点相当于商业模式图里的CS、VP、R$。在构思创意时，请首先聚焦于这些要点。

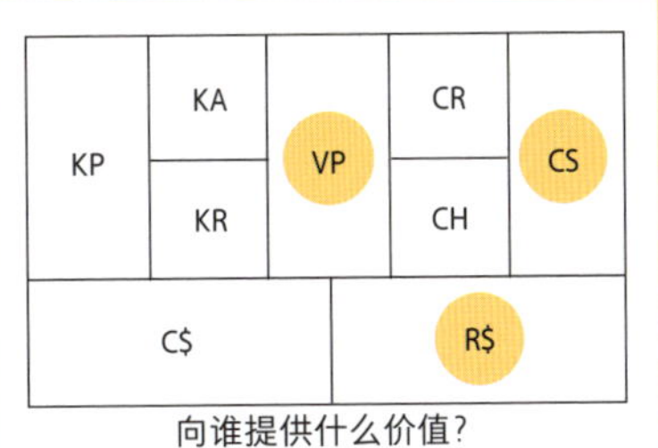

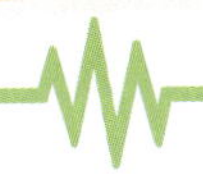

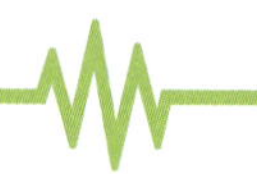

28 市场营销思考法

创造正确的价值，并正确地传递

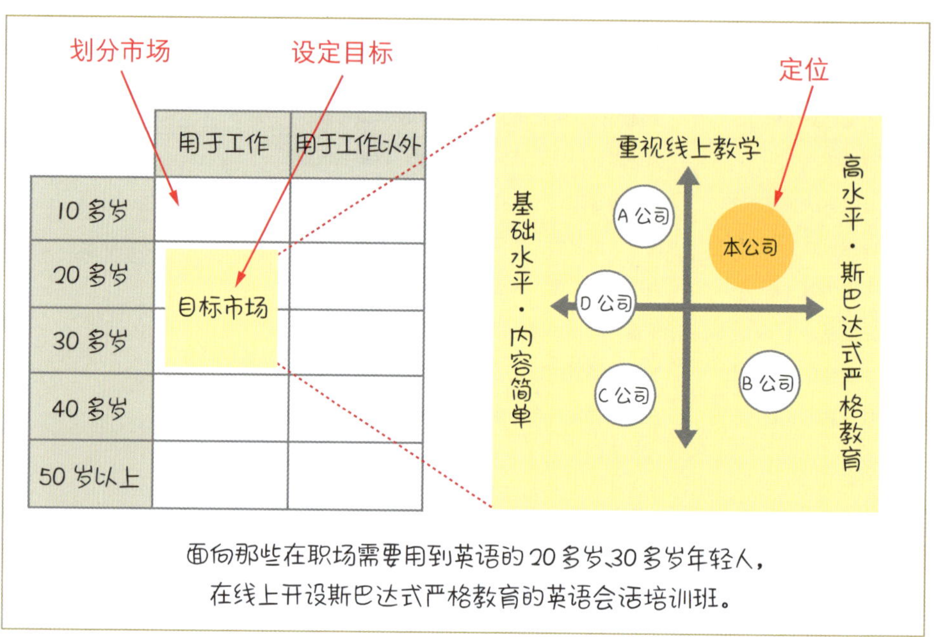

基本概念

所谓市场营销，是指了解消费者的需求，而且创造、传递、提供能满足该需求的价值，由此获得顾客或培养顾客。

谁有什么样的需求？什么产品或服务可以满足其需求？——为了提供这种产品或服务而进行的交流设计思考，就是“市场营销思考法”。商业模式思考法（参照→ 27）的特征是思考“向谁提供”“提供什么”“通过什么样的收益模式来提供价值”。而市场营销思考法除了思考“向谁提供”“提供什么”之外，还特别重视“如何增强其关联性”才更有助于提供价值。

思路

❶ [市场调查] 为了深入了解市场而收集信息并加以分析。以对于顾客（Customer）、同业竞争者（Competitor）、本公司（Company）进行调查的“3C”为基础，分析市场动向以及各公司的优势与策略。

❷ [思考市场划分] 对即将加入的市场进行定义和划分。所谓市场，是指拥有共同需求的群体。划分市场的基准，有地理变量、人口动态变量、心理变量、行动变量等要素。

❸ [思考如何设定目标（选择目标市场）] 从划分后的市场区块中选择目标市场。进行选择时，可将市场规模、市场增长率、竞争状况、可完成性、反应可测性等作为指标。

❹ [思考市场定位（将定位明确化）] 思考在目标市场中应以什么样的定位推出产品或服务，应通过什么特色让顾客认识本公司的产品或服务，例如“便宜”“高级”“高质量”“永远走在潮流前面”等。

❺ [设计4P（市场营销组合）] 根据 ❶~❹，思考应推出什么样的产品或服务，以及如何进行沟通。具体而言，就是对产品（Product）、价格（Price）、流通（Place）、促销（Promotion）的内容与组合进行思考。

思考的提示

比较各家同业竞争者的4P

尝试比较自己公司与其他同业竞争者的4P，确认彼此之间的差异。每家公司的4P都必有其意义。把握彼此的差异，考虑其市场目标与市场定位背后的策略和意图，同时思考自己公司的市场营销策略。

	自己公司	竞争公司A	竞争公司B
产品			
价格			
流通			
促销			

策略性思考法

从全局视角思考如何完成目标

		策略的优势	
		得到顾客认同的特异性	低成本策略
策略目标	整个行业	提出“美食×艺术”的概念。注重室内装修、餐具、音乐，追求美（差别化策略）	将生产或服务流程完全体系化，由此实现低成本化（成本领先策略）
	特定顾客群	开设意大利餐馆，主打产品是意大利面。提供多种意大利面，顾客点餐时可随意任选面类和酱汁的搭配（集中策略）	

※意大利餐馆经营策略的范例

基本概念

所谓“策略性思考法”，是站在经营者的层面，用全局性、长期的视点进行决策。企业向顾客提供产品或服务并获得报酬，这种经营活动肯定会出现同业竞争者，互相争夺客源。企业必须思考自己公司如何在竞争中获胜，而这时需要的正是策略性思考法。

策略性思考法的典型例子就是“选择与集中”。把资源集中投放在自己最具有竞争优势的领域，放弃其他领域。企业活动的资源有限，因此，仔细斟酌如何以最少的资源和代价来达成目标的方法很重要。除了选择与集中之外，还有许多策略理论和工具。请运用这些理论和工具，逐渐提高解决全局性问题的思考能力。

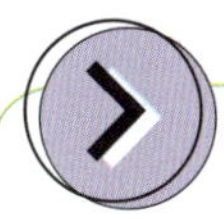

思路

❶［明确目的和目标］明确最终想达成什么目的和目标。如果有具体的数字，就把数值目标也清楚地写出来。

❷［明确限制因素］需要明确：为了达成❶设定的目的和目标，自己能投入多少资源；在达成目标的过程中，有哪些人力、环境、政治、技术等方面的限制。在思考策略时，必须明确自己拥有什么、欠缺什么。

❸［确立策略］在考虑限制因素的前提下，思考达成目标所需的策略。在上述范例中，是运用“波特的三大竞争策略”来思考意大利餐馆的经营策略。这个方法以“锁定目标”与“优势”这两个切入点为轴，从“差别化策略”“成本领先策略”“集中策略”这三个方向进行策略思考。

例 有助于确立策略的框架

安索夫矩阵	以“新设⇔固有”作为切入点，分别对产品和市场进行多角度策略思考。
策略草图	通过对提供给顾客的价值进行分解、比较，思考差别化策略。
SWOT分析	从内部环境和外部环境分析事业所受影响，思考自身的优势和弱点。
交叉SWOT	根据SWOT分析的结果，思考发挥优势的策略。

※上述框架将在本章的练习部分与全书结尾附录处进行介绍。

思考的提示

用长期视点进行思考实验

策略性思考法的关键，在于“大局观”和“长期视点”。就像下象棋一样，必须在思考未来战局的基础上构思最佳的一步。

如果运用了“波特的三大竞争策略”，就需要预测每个策略的未来走向，并决定现在应该采取什么行动。

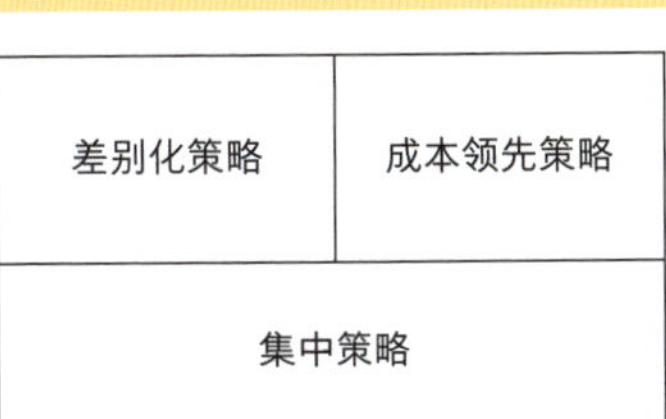

各个战局将如何发展？

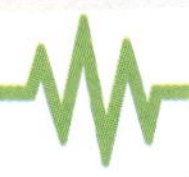

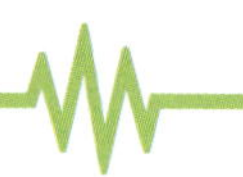

30 概率思考法

以成功概率为判断基准进行思考

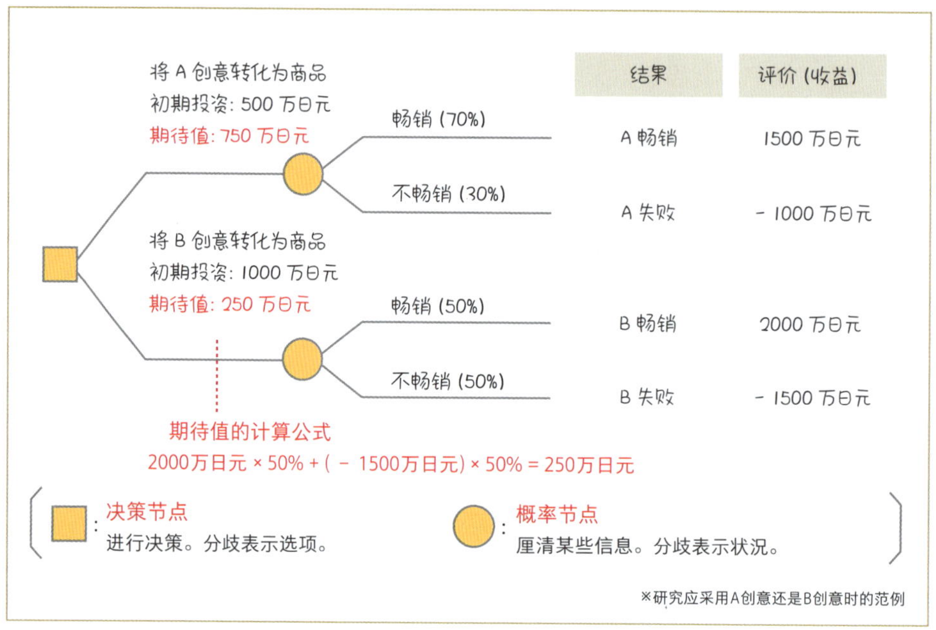

※研究应采用A创意还是B创意时的范例

基本概念

所谓"概率思考法"，是思考各个选项的期待值，以提高决策质量。能百分之百顺利解决问题的方法是不存在的，无论什么样的解决方案都多多少少存在着不确定性。而"概率思考法"，就是通过思考选项的成功率，选择成功率较高的选项以解决问题。

实际运用概率思考法时，常用"决策树"（decision tree）（上图）的手法。上述范例是利用决策树来思考应采用A创意还是B创意，以此说明概率思考法的流程。

思路

补充　范例中使用的前提条件

假设以下的前提条件：把A创意转化为商品，需要初期投资500万日元，畅销的概率为70%，不畅销的概率为30%，如果成功营业额为2000万日元（收益1500万日元），如果失败则会损失初期投资以及500万日元（收益−1000万日元）；把B创意转化为商品，需要初期投资1000万日元，畅销与不畅销的概率都是50%，如果成功营业额为3000万日元（收益2500万日元），如果失败则会损失初期投资以及500万日元（收益−1500万日元）。

❶［列出选项］列出所有选项，整理成树状图。在上述范例中，有A创意和B创意这两个选项。

❷［对结果与评价进行思考］设想一下，选择A或B时分别会有什么结果。在范例中，是设想为“畅销”与“不畅销”的两种可能性。将各个选项的结果以及对于最终收益的评价写下来。

❸［设定概率并计算期待值］设定各种状况发生的概率，计算出各个选项的期待值。期待值是概率与评价（在此范例中为收益）相乘后的总和。

❹［进行决策］比较各选项的期待值，进行最终决策。在范例中，A创意的期待值比B创意高，因此应该选择A。

思考的提示

把资源集中到有胜算的战场

在商战中，很多时候都必须把“想做的事”和“应该做的事”分开来思考，在此基础上做出合理的决策。尤其是影响公司命运的重要决策更是如此。如果从概率来看必须要选某个选项的话，即使团队成员对此选项抱有消极态度，我们也应该把这个选项的魅力传达给他们，以争取大家的支持。

把资源集中到成功概率高的选项

31 逆推思考法

以未来的目标为起点，思考现在

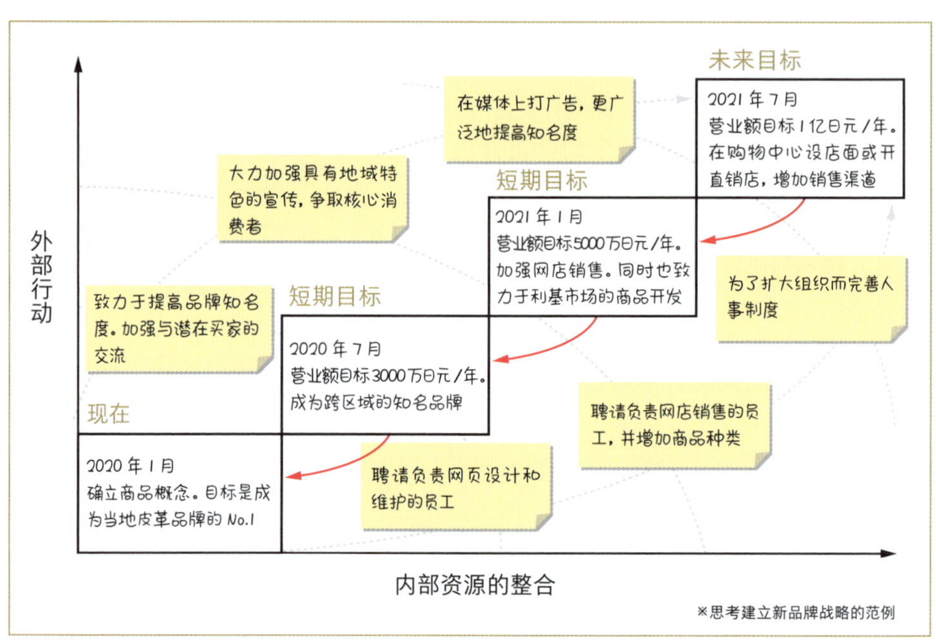

基本概念

所谓“逆推思考法”，是以未来的目标为起点，对现在进行思考。与其相反的是以现在为起点进行思考的“积累式思考法”。

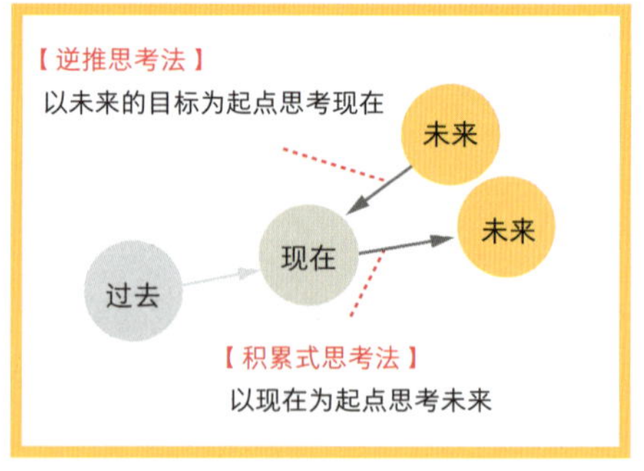

逆推思考法的优势在于：目标明确，进行创意构思时不受“从过去到现在”的流程所束缚。并非按照“惯性”消极地走向未来，而是设定“有想法的未来”。

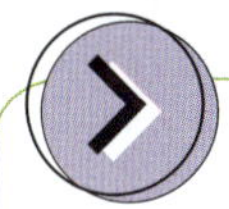

思路

❶［设定目标，认清目标与现状之间的差距］描绘出最终想达成的目标（理想状态），然后把目标与现状之间的差距可视化。设定目标时，应该灵活自由地描绘理想状态，而不能受过去经验的束缚来思考“能不能做到”。此外，还需要思考完成目标的“期限”。

❷［设定短期目标］设定达成目标过程中的短期目标。短期目标又称为“里程碑”。

❸［思考所需的行动和资源］思考一下，为了完成各个短期目标，需要采取什么外部行动，以及采取外部行动时需要哪些内部资源。所谓“外部行动”，比如说对于市场进行的营销、宣传、业务推广等活动。所谓“资源”，是指在外部行动时所需的人才、技术、组织体制、资金、信息、制度设计等内部整合的要素。请从最终目标开始逆推，逐一明确需要哪些要素。

例 逆推思考法的优点和注意事项

逆推思考法的优点在于，因为最终目标与短期目标比较明确，所以容易做出决策。但运用逆推思考法时也需注意：当状况或前提发生突然变化时，应变比较差。因此，在具体描绘未来的同时，还必须保持灵活性，以便能随着状况改变而随时进行修正。

思考的提示

设定延伸目标（Stretch Goal）

在逆推思考法中，如果设定的目标水平太低，就有可能错失达成更高目标的机会。设定目标后，请问一下自己：该目标是否为“延伸目标（稍有点挑战性的目标）”？例如，设定“用一半时间获得两倍成果”的目标，由此思考合适的界限在哪里。

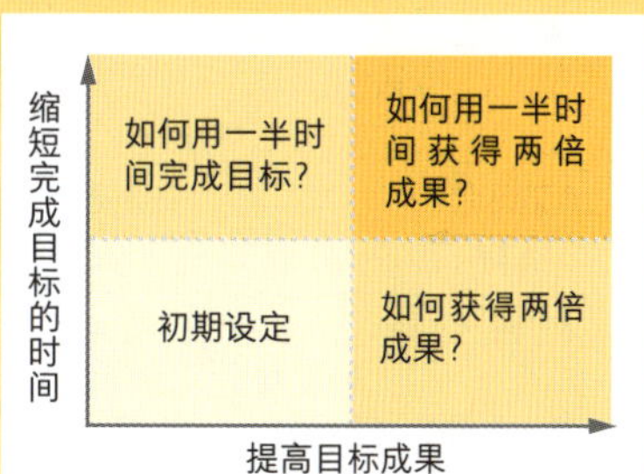

32 选项思考法

列出多个选项并进行客观思考

	选项 1	选项2	选项3
产品	推出套装产品	增加小包装产品，以此提高销量	设计成能让顾客长期持续购买的产品
价格	通过套装产品来提高产品单价	推出小额产品，以提高总金额为目标	并非一次性购买，而是提供定期优惠措施
推出套装产品	与之前相同，在车站前的特产市场开店	力求进驻车站内的便利店	首次购买在店面，第二个月之后可以送货上门
推出套装产品	加强对套装产品的宣传	介绍多样化的购买方式	建立社群，互相联系，以此增加附加价值

※特产礼品经营者思考如何提高顾客单价的范例

基本概念

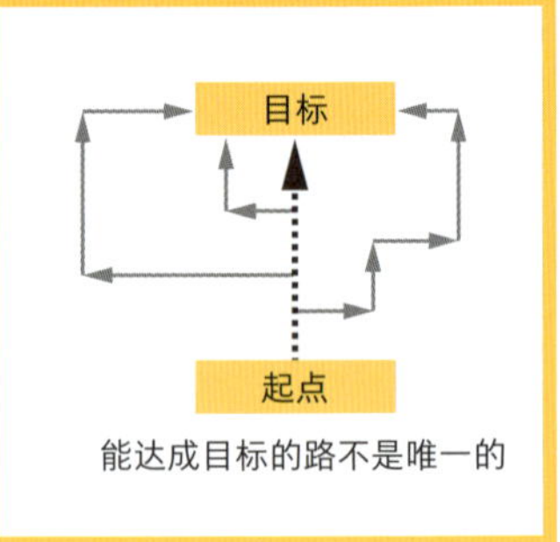

能达成目标的路不是唯一的

所谓“选项思考法”，是列出多个选项并进行综合且客观的决策思考。在思考问题的原因或检验想法时，不能盲目地依赖某一个选项，而必须整体把握所有可能的选项，并进行评价与选择。

这样的话，有助于客观地做出决策。而且，把握多个选项还具有容易修正方向的优点。在构思创意或回顾活动时，必须拓宽视野，多问自己：“这是不是最理想的方法？”

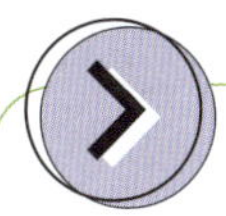

思路

❶ [设定主题] 设定思考的课题或主题。关键在于，要提出具体的目的与目标，而不能太笼统。

❷ [列出选项] 围绕主题列出所有能想到的选项。先请尽量列举，越多越好。虽然选项的数量会因状况或目的而异，但至少需要列出3个选项。如果选项数量太少，就无法进行充分比较，从而导致做出过于武断的决策。在这个步骤，需要注重探讨各种可能性。

❸ [针对选项进行讨论] 深入探讨各个选项。把各个选项具体化，思考其优缺点及原因、根据、支撑材料，以此彻底地分析各个选项。

❹ [评价选项] 设定指标，对各个选项进行评价。可根据状况或目的设定评价指标，例如：重要性、可行性、收益、发展前景、风险、回报、独特性、影响力等。如果能用数值进行定量评价的话，就更清楚易懂。

❺ [进行决策] 根据各选项的评价进行决策（选择）。完成决策后，可具体思考行动内容并付诸实施。然后根据从现场获得的信息，经常反复进行“列出选项、评价选项、采取行动”。

思考的提示

运用“决策矩阵”进行评价

评价选项的方法多种多样，其中“决策矩阵”是一种简单易懂的方法。

所谓决策矩阵，是按照事先设定的指标对各个选项进行评分的方法。运用这种方法，各个选项的量化评价一目了然，所以在整理决策所需的材料时是非常有用的。

	指标	指标	指标	合计
选项	1分	2分	3分	6分
选项	2分	2分	1分	5分
选项	3分	2分	3分	8分

33 前瞻思考法

描绘未来展望，使组织的方向保持一致

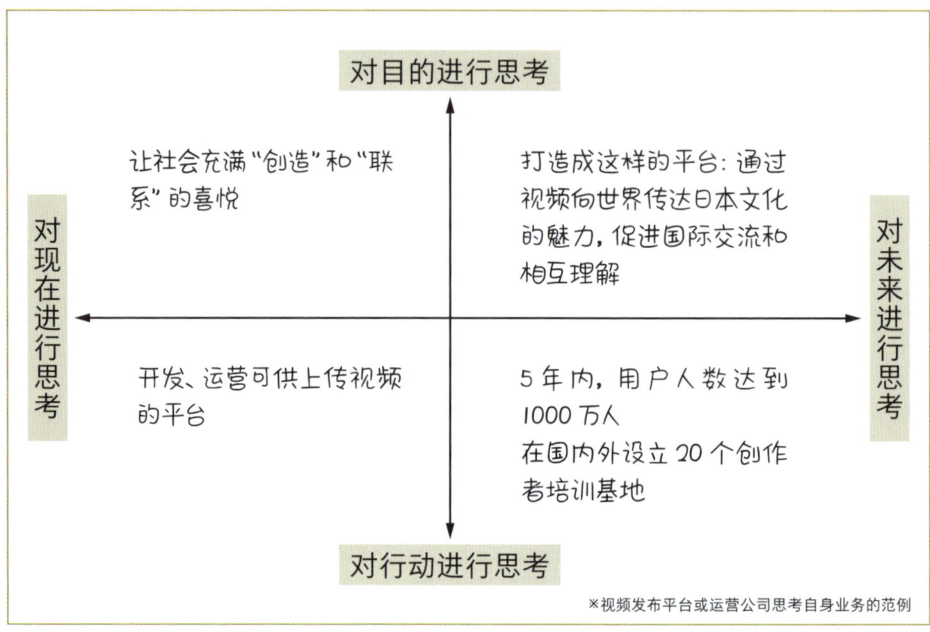

基本概念

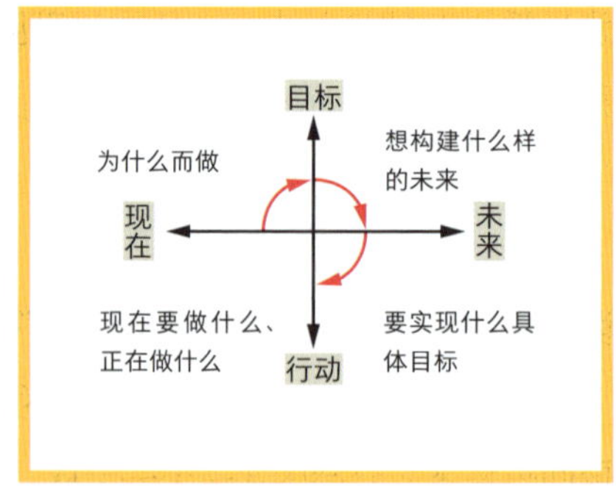

所谓“前景（vision）”，是指未来的蓝图、理想、展望等；而“前瞻思考法（visionary thinking）”，则是描绘出未来的理想姿态或展望，并朝着这个方向展开行动的思考方式。

并非临时应付目前的状况，而要用长远的眼光把现在与未来互相联系起来。前瞻思考法非常适用于创办事业、号召同伴一起解决问题的场合。

思路

❶ [确认目前的活动] 以“现在⇆未来”与“行动⇆目的”为轴拓展思考。先写下自己目前的活动——经营什么事业？从事什么工作？

❷ [对目的进行思考] 围绕 ❶ 列出的内容，思考为什么正在做或正在想这项活动——即对目的进行思考。尤其需要关注自己的意志或想法，弄清楚“自己想做什么”。然后，再进一步思考“解决社会问题”之类的利他目的或意义。

❸ [扩展至未来] 以目的为轴，思考未来的展望——想构建什么样的未来？想实现什么样的社会？思考的时间轴越长，例如5年、10年、100年甚至更久远的未来，就越容易产生宏大的愿景。

❹ [设定可共享的目标] 想好要构建什么样的未来之后，再进一步思考要采取什么行动才能实现这个未来。也可以思考：“某事物要变成什么状态，才可以认为实现了 ❸ 设想的未来？”请设定具体的、可测量的目标。

❺ [反馈给目前的行动] 根据设想到的未来状态、目的、展望、目标，调整目前的行动。请从未来开始逆推，以此调整方向与行动计划。

思考的提示

使方向保持一致

一个组织想要持续前进，关键在于每个成员的方向要保持一致。

深入探讨并拥有共同的未来前景，这样做的好处之一，就是能使大家的方向保持一致。请通过前瞻思考法逐渐统一个人与组织的方向吧。

不一致

一致

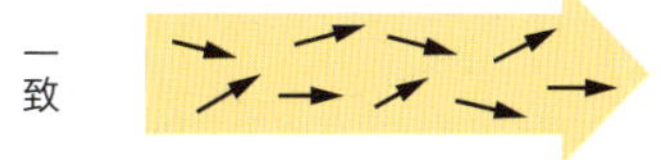

概念性思考法

通过重新定义，获得更接近本质的视点

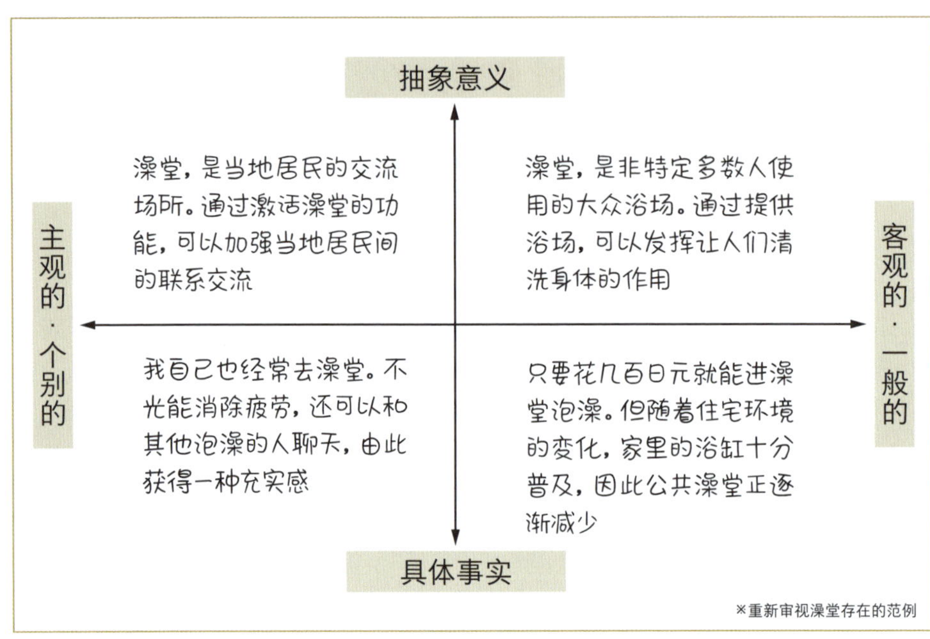

基本概念

所谓“概念性思考法（conceptual thinking）”，是一种能把握事物看不见的本质的思考方式。运用这种方法，不仅能促进对事物的理解，还能通过重新定义事物而产生新的认知与看法。尤其适用于设计价值、构建组织愿景等需要大局观的场合。

抽象的
进行重新定义
理解其意义
主观的
客观的
与经验联系起来
关注事实
具体的

本小节重点介绍，在重新定义事物时如何以“抽象与具体”及“主观与客观”为轴进行反复思考。

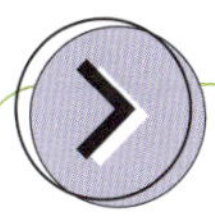

思路

❶ [理解意义] 将思考对象设定为主题，调查该事物的意义或一般认识。

❷ [关注客观事实] 收集关于该主题的具体信息，加深对事实的理解。着眼于相关事例、相关领域的信息、该事物的发展历程等。

❸ [与自己的经验联系起来] 在客观的、一般定义与事实的基础上，把自己的经验和想法写出来。关键是要“自我化”，而不仅仅停留于普遍原则。

❹ [重新定义] 根据目前收集的信息，按自己的视点对事物进行重新定义。在上述范例中，对“澡堂”进行了思考。一般人对于澡堂的认知，是“泡澡的场所”（功能）。但如果从自身的经验出发，会发现澡堂的意义不仅于此，还可以促进使用者的交流，起到加强当地联系网的作用。由此将澡堂重新定义为“当地居民的交流场所”。重新定义的内容即使很简短，也需要在一般认知的意义或事实的基础上加入自身的经验与想法。

❺ [加以表现] 用新产生的想法来思考行动。以范例为例，不仅仅把浴场视为营利活动，而是从地域交流的视点出发来思考如何激活澡堂经营。在思考组织的愿景时，只要搭配运用前瞻思考法（参照→㉝），就能构建出更具有凝聚力的愿景。

思考的提示

尝试图像化

步骤4是通过语言文字重新定义来理解概念。除此之外，运用图像也有助于概念化。例如，把澡堂的意义与功能绘制成图示或插图，会是什么感觉呢？

我们寻求的并非正确答案，而是自己的理解。请按自己的理解尝试重新定义吧。

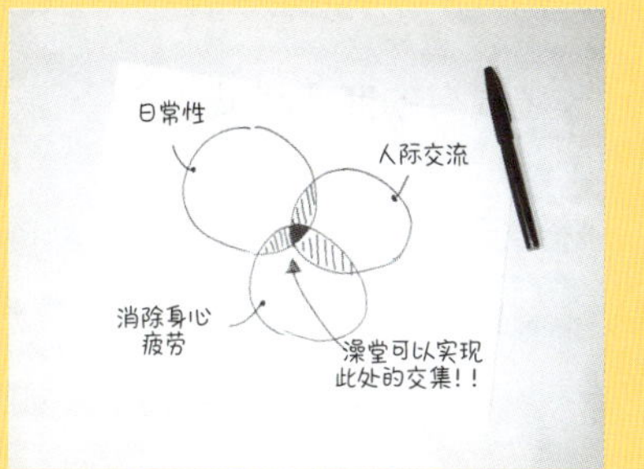

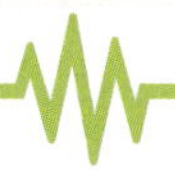

第3章的练习❶

第3章的主题，是提升与商业相关的创意构思能力。在训练商业视点时，关键还是要运用商业模式思考法（参照→㉗）。

在练习中，我们将会更深入地探讨商业模式思考法与商业模式图。

向谁提供什么价值

在运用商业模式思考法时，请再次确认：自己准备或正在向谁提供什么价值？

对价值进行思考时，必须思考的问题是：向谁提供价值？对方面临什么样的问题，希望如何解决？如果思路不畅的话，就请回顾一下前面介绍过的价值提案思考法（参照→㉓）、种子思考法（参照→㉔）、需求思考法（参照→㉕）。

构建可持续发展的模式，需要哪些要素？

接下来思考：为了提供价值，需要哪些要素？商业模式图的9个要素是："顾客类别""价值提案""渠道""与顾客的关系""收益模式""主要资源""主要活动""主要合作伙伴""成本构成"。如果有哪些要素尚不明确的话，请继续收集信息、深入思考。

改善现有的商业模式

商业模式图不仅适用于构思新的商业模式，而且还适用于理解或改善现有的商业模式。请整理9个要素的相关信息，思考能否产生更有助于提供价值的机制。

商业模式图适用于所有关于"如何构建提供价值的机制"的思考。

对网站的商业模式进行思考

在下图的商业模式范例中，主题是设立一个面向女性的媒体平台，向她们发布“即使在忙碌生活中也能轻松烹饪的、健康美味的食谱”。经营模式的思路是这样的：以网站为主轴，通过广告来获得收益。

KP主要合作伙伴	KA主要活动	VP价值提案	CR与顾客的关系	CS顾客类别
·美食专家 ·愿意写美食文章的撰稿人	·制作食谱 ·撰写文章 ·通过营销活动扩大知名度	·提供简单的食谱 ·建立起想了解简单食谱的用户之间的关系网	建立社群，一起探讨如何通过烹饪美食来使生活变得更美好	对学习烹饪技巧感兴趣的女性。尤其是想烹饪却又苦于没时间的女性用户
	KR主要资源		CH渠道	
	·媒体品牌 ·关于烹饪的知识 ·写文章的技巧		·公司运营的网站 ·社群网络账号	

C$成本构成	R$收益模式
· 编辑文章所需要的人工费 · 制作食谱所需要的材料、炊具等物质成本 · 网站的管理成本 · 刊登广告的成本	通过点击广告获得收益

即使提供相同的价值，也可能有多种不同的收益模式

上述范例采用的是通过点击广告获得收益。除此之外，还可以考虑别的收益模式，例如：将部分食谱设定为付费内容，采用包月会员制来获得收益。

即使“制作食谱并公布”这点是相同的，也可以采用多种不同的收益模式。

请参考社会上实际存在的商业模式，探讨最理想的收益模式。另外需要注意的是，一旦改变了收益模式，其他的要素或所需资源也必须做相应调整。

对商品销售的商业模式进行思考

接下来以手提包、钱包等皮革品牌为例，对制造销售的商业模式进行思考。商品销售模式是最有代表性的商业模式之一。商品销售的基本模式是采购原材料并进行加工、销售。在理解这一点的基础上，请思考一下：应该如何增加附加价值？如何做出与同业竞争者不一样的东西？

KP主要合作伙伴	KA主要活动	VP价值提案	CR与顾客的关系	CS顾客类别
原材料供应商	·制造商品 ·品牌管理	使用上等皮革制造的、充满高级感的手提包、钱包等时尚产品	构建积极互动的密切关系。重视培养忠实用户	追求时尚、注重高质量的装饰品、追求高级品牌的20~40岁年龄层消费者
	KR主要资源		CH渠道	
	·制造技术 ·品牌		·直营店 ·网店 ·活动展位	

C$成本构成	R$收益模式
·采购原材料的费用 ·制造工作室的管理费用 ·仓库管理费用	收益模式

将利益相关者可视化

整理出提供价值所需的9个要素后，接着列出实行该商业模式过程中的利益相关者。所谓的利益相关者，就是通过商业活动互相产生影响、具有利益关系的人。

除了顾客、合作伙伴之外，企业客户、行政机关、当地居民、同业竞争者等也属于有可能互相产生影响的利益相关者，必须都列出来。理解每一个利益相关者的状况与需求，思考能创造价值循环的最佳形式。

对非营利的模式进行思考

商业模式图不仅适用于营利企业，而且还适用于非营利团体、事业机关、公司内部的项目。下图范例为回收旧衣物捐赠给外国的NPO法人。

KP主要合作伙伴	KA主要活动	VP价值提案	CR与顾客的关系	CS顾客类别
愿意设置旧衣物回收箱的各企业	·回收旧衣物 ·管理与配送	·旧衣物的回收和配送 ·为当地居民和日本热心民众的交流创造机会	共同解决课题的社群	·衣物缺乏的国家 ·因为衣物缺乏而受苦的人们
	KR主要资源		CH渠道	
	协助该活动的热心民众		当地的NPO法人	

C$成本构成	R$收益模式
·衣物的管理成本 ·用来进行活动宣传以及报告的网站运营费用	·捐赠 ·众筹

确保活动所需的资金来源

在上述范例中，采用捐赠与众筹作为收益模式。即使是非营利组织，只要从事某项活动，就需要有用来填补成本的资金来源。

除此之外，关于某次促销活动的思考方法也一样。为了使活动能持续进行，补足成本的资金是必不可少的。

第3章的练习❷

接下来对“策略”进行深入思考。在策略性思考法（参照→㉙）的小节中，已经介绍过“波特的三大竞争策略”。此外，还有许多关于策略的思考方法，在此进行说明。

运用“策略草图”来思考差别化策略

欧洲工商管理学院教授金伟灿（W. Chan Kim）与莫伯尼（Renée Mauborgne）提出“蓝海策略”，认为不应该把劳力和资源放在竞争激烈的市场“红海”，而应该投入没有竞争者的市场“蓝海”。

这是一种追求不战而胜的策略。为此，我们必须找出同业竞争者尚未发现的需求或价值，开发相应的产品、服务或事业。适用于摸索这种新兴市场的方法，就是“策略草图”（strategy canvas）。

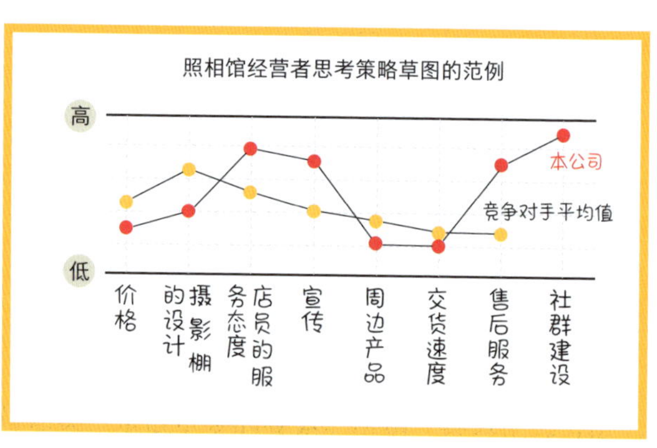

所谓“策略草图”，是归纳出竞争因素，并对同业竞争者与自己分别在各项因素上投入多少加以可视化的手法。数值越高，就表示各竞争者在该项上投入越多。

这种手法的好处，是有助于理解市场的竞争因素，而且竞争者在各项上投入多少资源也一目了然。

把同业竞争者在各项因素上的数值用线连起来（价值曲线），再进行对比观察。如果同业竞争者的曲线形状与自己公司相同，就说明自己公司处于激烈的竞争环境中。这时可以针对某些因素采取差别化策略，或找到新的竞争因素，由此探寻自己公司的新定位。

寻求差别化的创意时，可以把“削除”“减少”“增加”“附加”作为切入点。其中，“削除”“减少”主要指削减成本；“增加”“附加”则指创造附加价值。

上述的照相馆经营者范例，是通过建立摄影爱好者社群来创造新的附加价值，以此形成与同业竞争者之间的差别化。请列出你公司所属市场的竞争因素，思考采取什么策略才能与同业竞争者形成差别化。

运用“安索夫矩阵”来思考事业的多样化经营策略

接下来介绍思考现有事业发展策略的“安索夫矩阵”。这个方法是由伊戈尔·安索夫（Igor Ansoff）提出来的，关于市场（顾客）和产品，分别以“新设”与“现有”为轴绘制出矩阵，以此讨论策略方向。

努力提高在现有市场的占有率，就是“市场渗透策略”。如果这个策略有增长的潜力，就表示风险较低，具有可靠性。

矩阵的右上方，是在现有市场投入新产品的“新产品开发策略”——分析现有顾客的需求，据此开发相关产品或升级版产品。这个策略的优势在于，可以充分运用现有顾客的渠道。

		产品	
		现有	新设
市场	现有	市场渗透	新产品开发
	新设	新市场开拓	多样化

安索夫矩阵概念图

矩阵的左下方，是在新市场中投入现有产品的“新市场开拓策略”——思考如何把现有产品的功能和特性提供给不同需求的市场。例如，把原本只在国内销售的产品推向海外市场。

矩阵的右下方，是思考新市场与新产品组合的“多样化策略”。

专栏 把小点子变成大创意

第3章以价值创造、商业模式、策略等关键词为中心介绍了“设计商业项目所需的思考法”。要将商业创意付诸实现，应该意识到“先提出小点子，再通过假设验证扩展为大创意”的思路。

太大的想法难以把握，不如从小点子开始

对事业、产品、服务进行思考时，或是在公司内部推行业务改善项目时，要描绘全景的话，内容会变得很复杂，规模也会越来越大。

拥有宏大的愿景固然重要，但策划的规模越大，运营和修正所需要的成本也就越高。

因此，先应该设计成容易调整的小规模，然后再通过假设验证逐步找到最合适的答案。

根据需要来扩大功能和规模

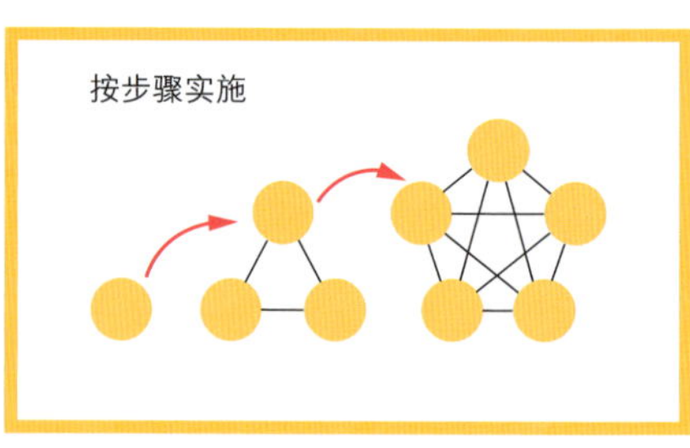

例如，构思“把商业设施的闲置空间出租为活动会场的中介服务”。如果把策划规模缩小，就能聚焦于这两点：能否实现“闲置空间业主与活动主办单位互相组合”的功能？能否满足使用者的需求？即设计这项服务的第一阶段。

这时，可能会浮现出其他各种方案，例如：出租活动器材、承接活动宣传网页制作、协调派遣艺人等。不过，这些方案可以在验证“闲置空间业主与活动主办单位互相组合”的有效性之后再逐步添加。

先思考自己想完成的目的和课题是什么、有哪些资源可用，然后再思考最关键的核心要素是什么，以及用什么形式开始进行假设验证。

提升项目执行力

提升项目执行力

第4章将介绍适用于执行项目时的思考法。其中有许多有助于经营组织的想法，可以灵活应用到各种经营管理的场合中。

有目的、有计划地实行

所谓项目，是指为了达成某个目的或目标而实行的计划。而负责策划并实行项目的团队，必须制订明确的计划——为了达成目的，谁来担任什么角色、要在什么期限之前完成哪些任务？项目团队成员随时共享信息，同时各自完成自己负责的业务。

第4章要介绍有助于提升项目执行力的“改善业务”与“人事问题”的相关思考法。这些思考法固然适用于“项目”，但其实也同样适用于日常业务。

计划会有偏离，必须随时进行调整

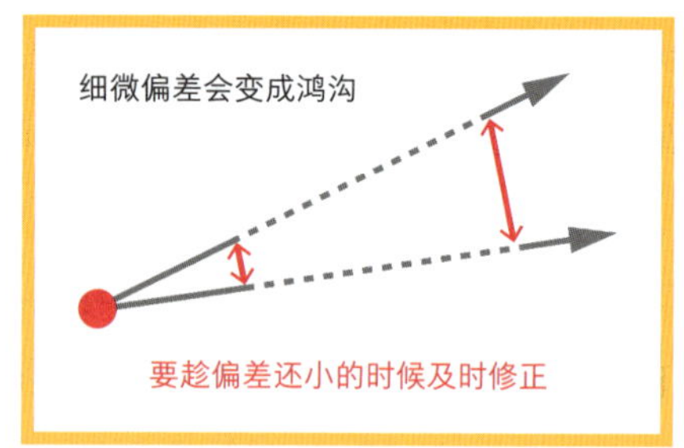

明确地制订目的与计划并分享给团队伙伴，这点很重要。然而，无论设计得多细致，计划实行起来却没有这么顺利。为了让项目朝着正确的方向前进，我们必须反复不断地修正。

即使一开始只是细微的偏离，但如果置之不理，就可能变成无可挽回的鸿沟。团队成员们原本是朝着同一个方向出发的，但项目却最终半途而废，这样的事例屡见不鲜。交流沟通也一样，如果一开始发现有些细微的隔阂，就必须及时进行磋商解决。否则就会在暗中逐渐积蓄，最后变成无法修补的裂痕。

当多名团队成员一起合力解决问题时，尤其要对课题、目的或目标、目前进度进行认真磋商。请提高自己的思考能力，使目的与愿景明确化，将其与计划之间的偏差可视化，并不断加以修正。

理解各种不同的视点，并加以调整

与项目运营相关的成员，各人的职责各不相同，会从各自不同的视点和立场来思考问题。一般来说，管理层与现场人员的视野和时间轴有很大差异——管理层注重整体和长期，现场人员注重局部和短期。

既然职责不同，出现差异也在所难免。这种差异本身并非坏事。但如果因为想法和优先顺序的差异而产生冲突，就不利于项目完成。所以，如果站在推动项目的立场，应该倾听各个阶层的声音，发挥协调的作用。

别忘了交流的目的是什么

为了使项目朝着同一个方向前进，人与人之间的交流是必不可少的。除了管理层与现场人员之间的纵向交流、部门与部门之间的横向交流，有时还需要考虑与公司外部人员之间的交流。

交流的目的，是互相传达想法与意见，努力达成共识或协议。与各种不同的人打交道时，最重要的是要意识到自己与对方是不一样的。在很多时候，自己认为理所当然的事，对方却不以为然。因此，不能把自己的想法强加于人，而应该认真地倾听对方、理解对方，以建设性的态度来思考问题。

对于看不见的部分，需要发挥想象力

无论是改善业务还是思考交流方式，关键都在于能否考虑到“看不见的部分”。在阅读本章时，希望你能注重想象力，以此走近那些“看不见的”和“语言文字背后”的要素。

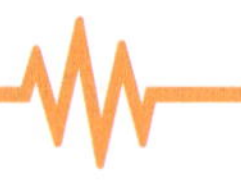

Why思考法（探寻目的）

思考目的与手段之间的整合性

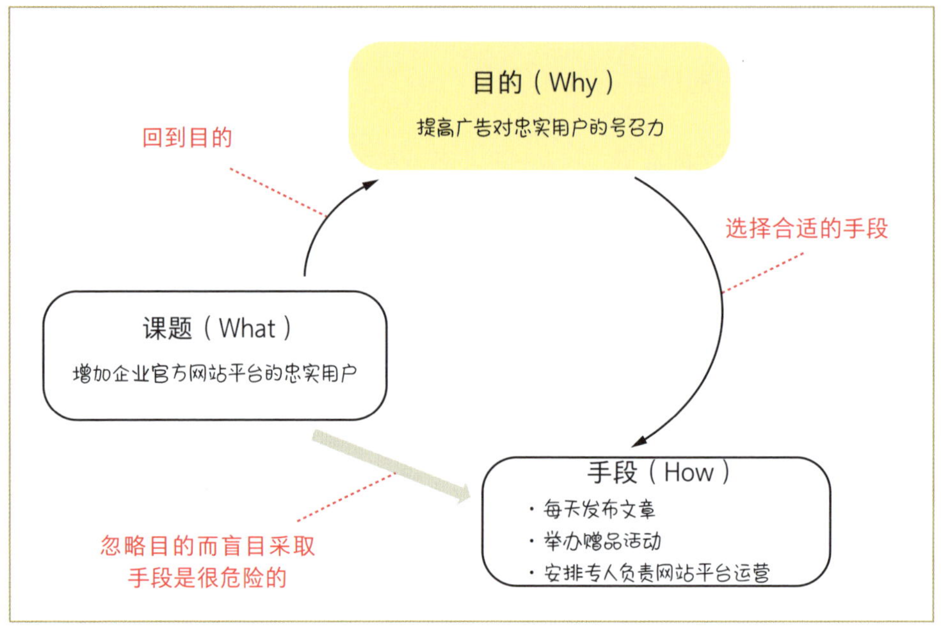

基本概念

所谓“Why思考法”，是一种着眼于目的与手段的区别而思考问题的方式。在这里，“目的”是指“最终想实现的目标”；而手段则是指“为了达成目的而采用的方法”。

解决问题的流程，本来应该是先有目的和课题，然后再思考具体的手段并采取行动。也就是说，最重要的是“目的”。

一旦把“手段”当成“目的”，就有可能把资源浪费在没有成果的努力上。为了避免陷入这种状况，应该经常问自己：“我为什么要这么做？”以保持目的明确，并找到目的与手段的最佳组合方式——这就是Why思考法。

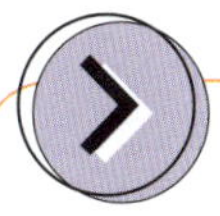

思路

❶［明确课题］将当前的课题明确化。在上述范例中，将课题设定为“增加企业官方网站平台的忠实用户”。

❷［确认目的］确认该课题的目的。对目的进行思考时，追问“Why（为什么要这么做？）”是很有效的。通过追问“Why”来明确目的、意义、背景、优点。

❸［思考手段］确认目的之后，接着思考用什么具体手段来实现目的。即思考“How（怎么做？）”的问题。

❹［确认目的与手段、课题之间的整合性］确认目的和手段是否具有整合性。当发现目的与手段之间存在偏差时，或是想到更合适的手段时，就需要进行修正。另外，如果发现当前课题无助于实现目的时，则需要连同课题一起进行修正。

补充 如果目的改变了，手段也应该随之改变

例如，为了不同的目的而写文章——一个是提高对忠实顾客的号召力，一个是吸引新顾客，这两种文章的内容肯定有所不同。如果不明确目的，就无法选择合适的手段，最终无法获得成果。此外，为了达成目的，举办线下活动可能比运用网站平台的效果更好。关键是要随时清楚地意识到“目的是什么”。

思考的提示

目的是“实现更高目的”的手段

手段与目的是组合成对的。而且，从更高层次的目的来看，每一个目的又都是手段。在解决问题时，目的和手段会呈现如右图所示的层次状态。首先确认最上层的目的，思考各个目的与手段的组合。多人一起讨论时，必须先明确是围绕哪一个层次进行讨论。

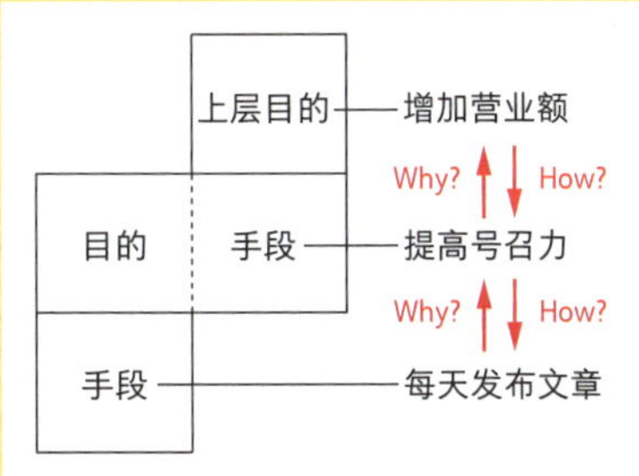

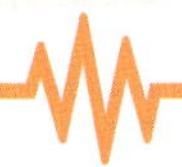

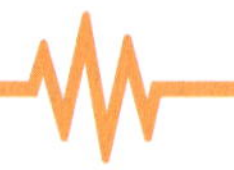

36 改善思考法

不断地改善方案以提高产能

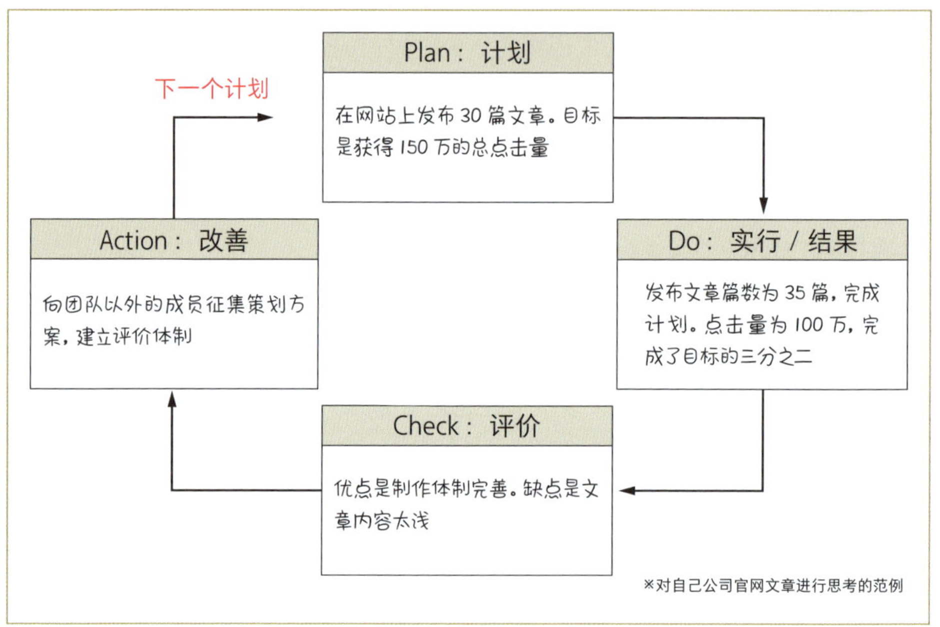

基本概念

所谓“改善思考法”，是将计划与结果之间的偏差可视化，思考如何消除偏差、提高产能。改善思考法的目的，是提高单位时间可创造的价值或成果。为了达到更好状态而反复进行评价与改善的循环，以此不断地更新行动或想法。

改善思考法的关键，是不仅满足于找到有效的解决方案，而且还要运用持续的、可循环的思考方式，对解决方案进行“持续改善”。

在思考如何改善时，最有代表性的是“PDCA循环”。让我们按照计划（Plan）、实行（Do）、评价（Check）、改善（Action）的流程来学习运用改善思考法。

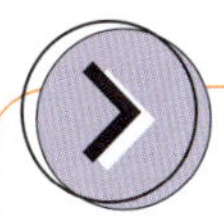

思路

❶［制订计划（Plan）］PDCA循环的第一步就是制订计划。请先整理归纳好，明确自己要做什么、日程如何安排。还要按日程写出相应的目标。这时如果把目标设定为可测量的具体数值，就有助于过后进行检验确认。

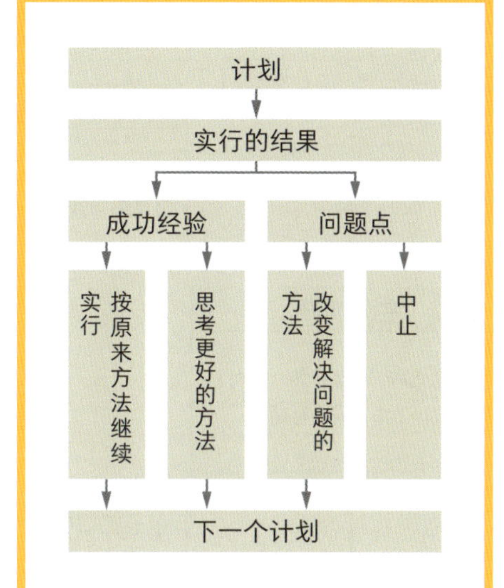

❷［实行（Do）］实行计划，并把结果可视化。对具体实行的内容、发生的事情、结果与计划的偏差等进行整理。

❸［评价（Check）］对结果进行评价，归纳出成功经验和问题点，并分析其原因。

❹［改善（Action）］思考下一步的改善方案。对于问题点，“应该中止的项目”就中止，“改善后可继续实行的项目”就思考如何改善。对于成功经验，也要分为“可按原来方法继续实行的项目”与“可以改善得更好的项目”进行思考。然后把思考内容反馈到“下一个计划”中，再重复进行❶~❹的循环。

思考的提示

有助于归纳改善点的“KPT”框架

使用PDCA循环进行改善时，需要运用“KPT”框架来检验确认。对“成功经验”（可以继续保持Keep）、“应该改善的部分”（Problem）、“改善”（Try）依次进行思考，找到在下一个行动中能获得更高成效的方法。

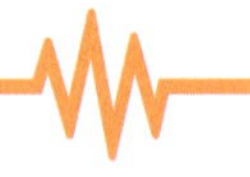

37 经验学习模式

从经验中学习，然后加以运用

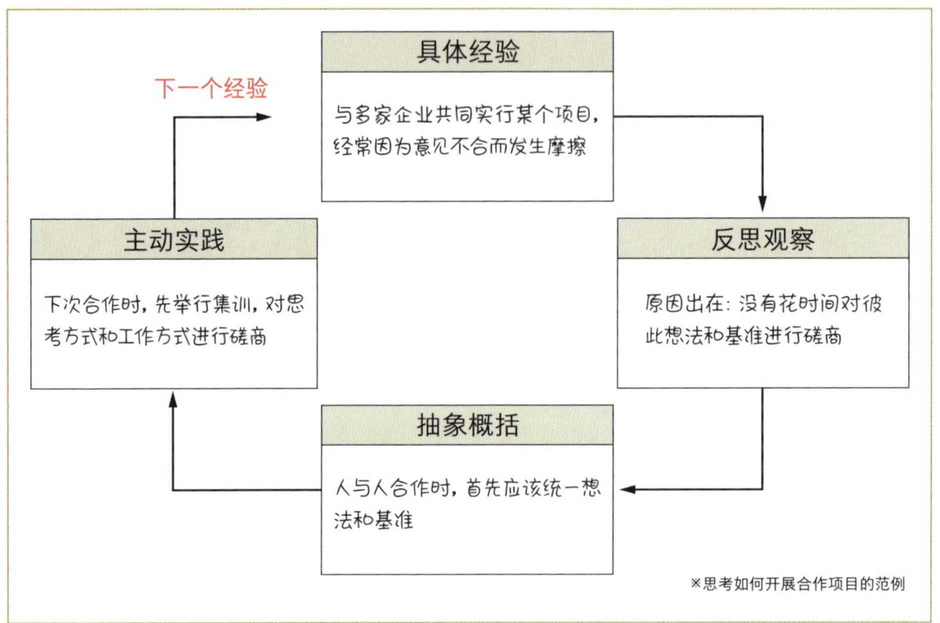

基本概念

人们通过解决问题的过程获得各种经验，然后回顾这些经验，并将其理论化为适用于其他场合的知识，就能把“经验”升华为“学习”。这种“从经验中学习”的方式，就称为“经验学习”。美国教育家大卫·库伯（David Kolb）提出了由“具体经验→反思观察→抽象概括→主动实践”等步骤组成的“经验学习模式”。

简而言之，就是“经验→反思→思考→行动”的循环。除了适用于学习新技术之外，也适用于提升现有的技术或知识。改善思考法（参照→36）大多聚焦于活动内容本身，而经验学习则关注活动的主体，即个人或组织的学习。

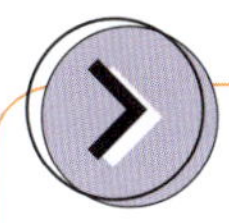

思路

❶［获得具体经验］通过业务或活动获得具体经验。着眼点在于某项活动中采取的行动、发言的内容，以及最后的结果。

❷［进行反思观察］回顾经验的内容，思考其意义。回想好的经验、不好的经验以及当时的感受，并思考其原因与意义。

❸［进行抽象概括］将反思观察得到的内容进行理论化（建立有自己特色的理论）。这个步骤可视为从经验中引出“教训”。对学习进行抽象化、普遍化，以便能应用于各种不同状况。比起自己一个人思考，通过别人的反馈更容易归纳出更确切的教训。

补充 如何把握“理论化”

如果无法把握“理论化”的含义，可以将其理解为要点化、模式化、方程式化、评价表化、框架化、规则化……请尝试把经验普遍化，以适用于未来的经验。

❹［进行主动实践］根据❸归纳的理论，思考下一个行动（主动实践）。这样就能获得下一个具体经验，然后不断地进行循环。

思考的提示

有助于从经验升华为学习的“YWT”框架

所谓“YWT”框架，是按“做了什么（Y）”“从中领悟到什么（W）”“下一步要做什么（T）”[①]的顺序进行回顾，这样有助于从经验升华为学习。这个“YWT”框架与改善思考法中介绍过的“KPT”框架有点相似，但“YWT”的重点在于如何升华为“学习”。

① 在日语中，“做”“领悟”“下一步”这三个词的首字母分别是Y、W、T，所以简称为“YWT”框架。

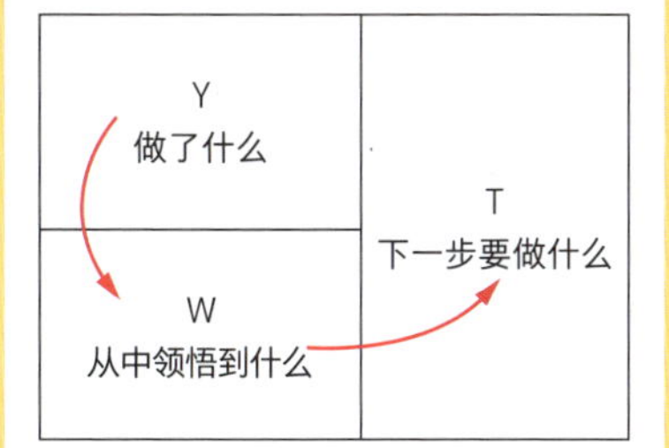

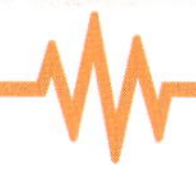

38 双环学习法

对“思考方式”进行反思，提升思考质量

反思变量	反思行动策略	得到的结果
举办活动是最佳的区域宣传方式吗？	没有达到预期参观人数	创建当地宣传项目
以参观人数作为评价指标是否合适？	应该加强活动的影响力和吸引力	策划并举办有助于增加参观人数的活动

基本概念

哈佛商学院名誉教授克里斯·阿吉里斯（Chris Argyris）认为：在一个组织中，有“单环学习”（single-loop learning）和“双环学习”（double-loop learning）这两种学习模式。

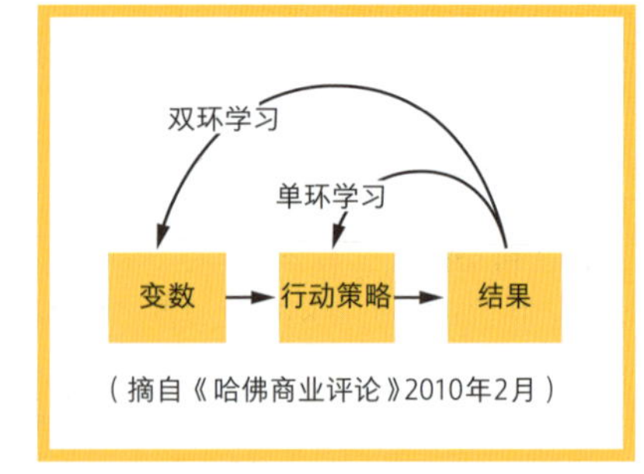

（摘自《哈佛商业评论》2010年2月）

所谓“单环学习”，是运用现有的思考方式进行改善和学习；所谓“双环学习”，则是以改善方法和学习方法本身为对象，采取新的思考方式来摸索更加完善的可能性。

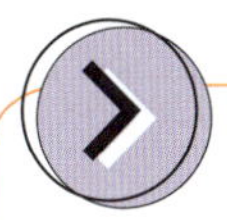

思路

❶［对行动的结果进行整理］对行动的结果进行整理，把活动过程中的经验、成功之处、失败之处进行可视化。

❷［反思行动策略（单环学习）］思考该如何做才能取得更好的成果，提出行动内容的改善方案。这个阶段的反思，是利用现有的思考框架进行PDCA循环，是实务方面的改善。改善和学习的对象为“行动内容（应该如何行动）”。

❸［反思变量（双环学习）］对❷行动策略背后的思考方式或前提进行反思。在“反思行动策略”的阶段，对实务性问题的解决方案或改善方法进行了思考；而在“反思变量”的阶段，思考视点则变成了：“原先设定的课题或目标是否合适？”“即将实行的项目本身是否正确？”“以什么作为评价指标？”重新构建思考方式。在这个阶段，改善和学习的对象已不是“行动内容”，而是“思考框架”“改善方法”“学习方法”。有时甚至需要摒弃现有的思考方式，而创新性地采用新的思考方式。

❹［决定下一个行动］反复进行这两个阶段的反思，整理从中学到的成果，再开始下一个行动。之后再反复进行“行动→反思行动策略→反思变量”的循环。

思考的提示

“为了学习的学习”的思考方式

“双环学习”又可称为“为了学习的学习”，其视点是：“学习‘如何学习’”“评价‘如何评价’”“反思‘如何反思’”。

一个组织想要继续发展，就必须经常质问自己、反思自己。

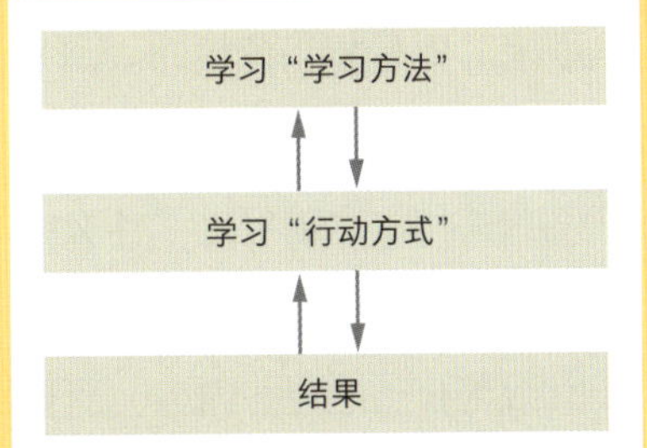

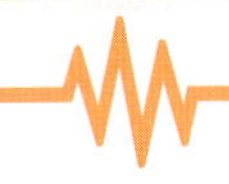

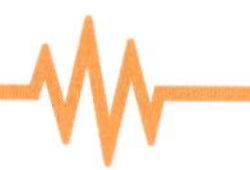

39 流程思考法

不仅关注结果，而且还关注其过程或程序

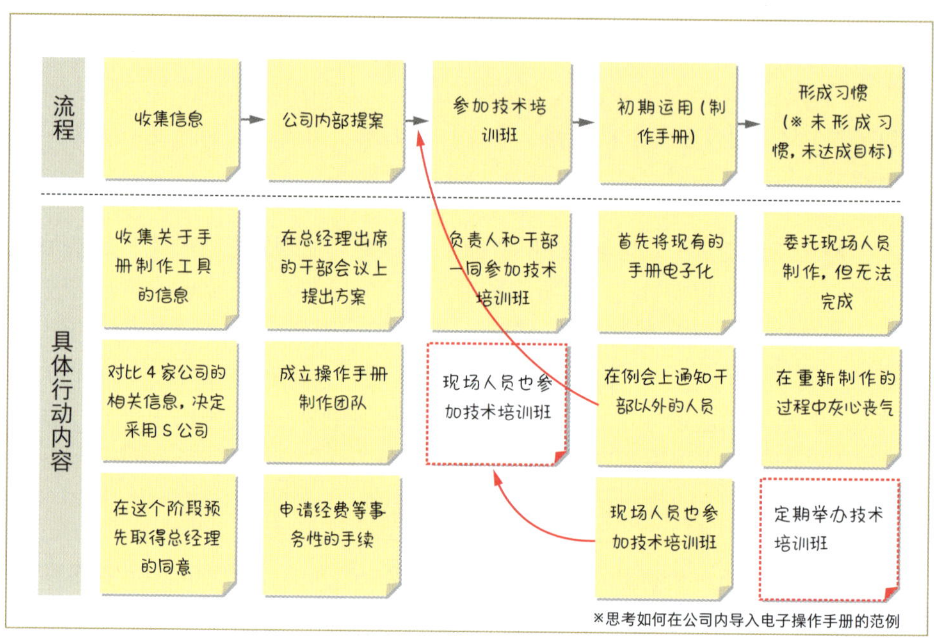

※思考如何在公司内导入电子操作手册的范例

基本概念

所谓“流程思考法”，是不仅关注结果，而且还关注其过程或程序的思考方式。在商业活动中，结果无疑非常重要。但如果仅仅停留于评价是否完成最终目标，然后就不再思考，则是相当危险的。因为，疏于思考今后的改善方案，会导致事业停滞不前。

在获得最终结果之前经过了什么样的流程？在各个阶段中又采取了什么样的行动？——把过程可视化，进行具体的评价，并思考改善方案。流程思考法不仅适用于设计和改善自己的业务内容，而且还适用于对别人进行评价或反馈。

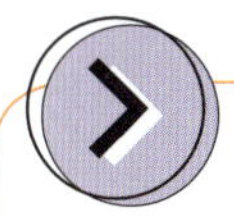

思路

❶［将目标与结果可视化］把握事前设定的目标与实际结果。假设事前设立的目标是“导入电子操作手册工具可以削减50%的研修费用”，那么就应该确认：实际上是否导入了电子操作手册？是否成功地削减了50%的研修费用？

❷［将流程与行动可视化］把握实际结果之后，下一步就是把获得结果之前的过程可视化。一开始可以先列出大概的流程，然后再逐一写出各阶段的具体行动。

❸［进行评价］评价流程的优点和缺点，并思考：整个流程顺序是否恰当？是否有过多或不足之处？有没有更好的方法？……同时还要评价具体行动，例如在“参加技术指导研修”的流程中，是否采取了合适的行动？行动期间或时机是否合适？

❹［思考改善方案］根据❸的评价，思考更完善的方法以及下一个行动。在上述范例中，“导入电子操作手册”和“取得总经理的同意”的阶段都很顺利，但却因为低估了现场接受难度而出现问题。针对这个问题，范例中也提出了改善方案，例如“通知干部以外的人员”“定期举办技术培训班”等。关键在于，不能因为一次失败就停止思考或全部放弃。

思考的提示

具有建设性的部分否定是进步的关键

全面否定是导致停止思考的根源。无论什么事情，只要是认真实行的结果，就不可能出现所有环节100%错误的情况。应该合理地区分和分析优缺点，把真正的问题可视化并与团队成员分享。能促进思考的，并不是全面否定，而是准确的部分否定。

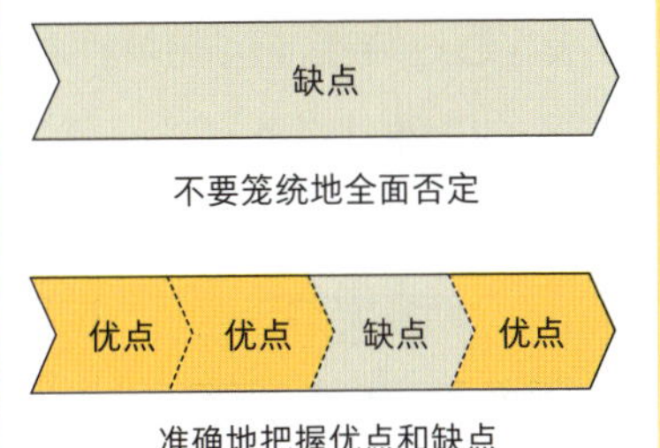

跨界思考法

跨领域思考事物的联系

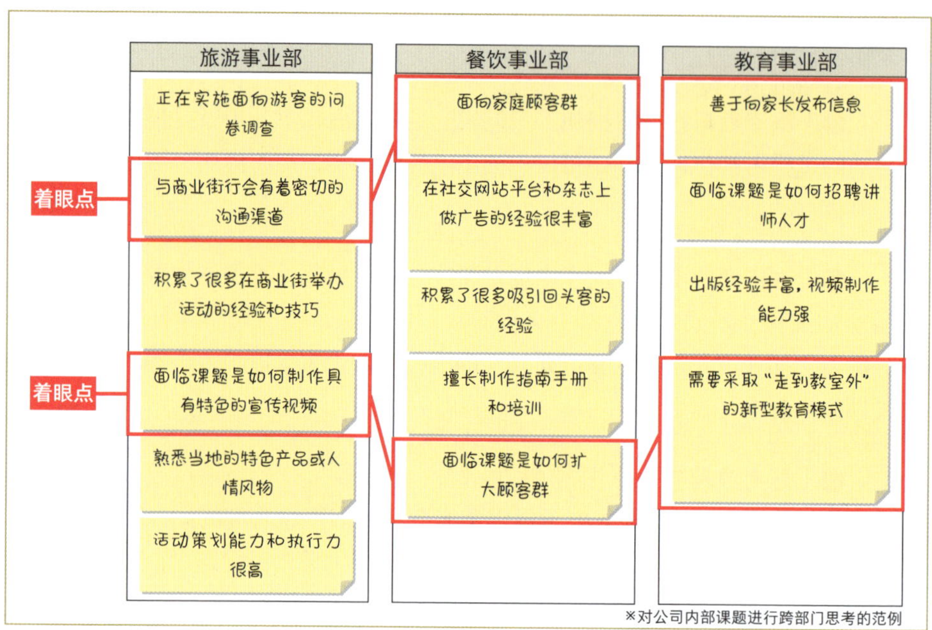

※对公司内部课题进行跨部门思考的范例

基本概念

所谓“跨界思考法”，是横跨多个不同领域、部门、职务范围来进行思考的方式。也可以说是着眼于多个领域之间的共通要素或互补要素，并将其进行“连接”的思考法。通过连接不同领域而产生“互相合作（collaboration）”或“相辅相成（synergy）”的效果，以此促进问题解决。

跨界思考法适用于这种状况——在一个领域内对事物进行细化并提高专业性也无法解决，而需要综合运用多个领域的专业性。现代人经常面临由多个复杂因素交织而成的问题。因此，无论对于企业、部门还是个人来说，跨界思考法都变得越来越重要。

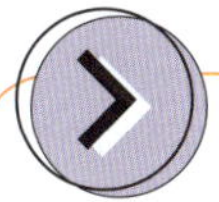

思路

❶［了解各个领域］深入了解各个领域的特性、优势、弱点、面临的课题、正在发展的技术以及文化。例如，假设自己负责的是旅游产业，除了需要加深对旅游产业的理解，还需要有意识地去了解其他产业（例如餐饮产业或教育产业）的课题与活动。

❷［思考各领域之间的共同点和不同点］认真思考：各个领域之间有哪些共同点和不同点？是否面临同样的课题？是否有同样的目的？某个领域是否拥有其他领域欠缺的优势或知识？

❸［构思跨界创意］构思通过跨领域而发挥效果的创意。着眼点在于如何发挥“互相合作”或“相辅相成”的效果。

例 构思跨界创意的切入点

- 能否利用彼此的优势？
- 能否利用优势来弥补弱点？（能否做出贡献？或能否借助别人？）
- 能否利用彼此的资源（人・物・资金・信息）？
- 能否发现新的课题？（能否找到把各自专业性联合起来的挑战性课题？）

❹［建立跨领域团队来实行］把创意具体化，建立跨领域的团队，付诸实施。在执行项目时，需意识到各个领域的前提或限制具有不同之处。

思考的提示

专业性与合作能力

在经营事业的过程中，除了需要努力提高纵向的专业性之外，还需要培养上文介绍的跨领域能力以及把专业性横向连接的合作能力与拓展能力。

请理解各个领域的基础知识以及各领域的限制，培养在各领域之间进行沟通交流的能力。

培养应用专业性的能力 →

加深专业性 ↓

领域A	领域B	领域C
知识	知识	知识
经验	经验	经验
技术	技术	技术

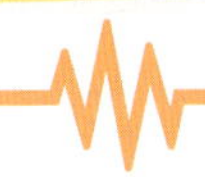

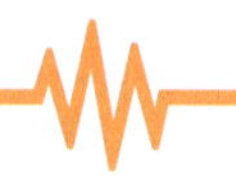

41 GTD理论

把应该做的事进行分类，厘清思路

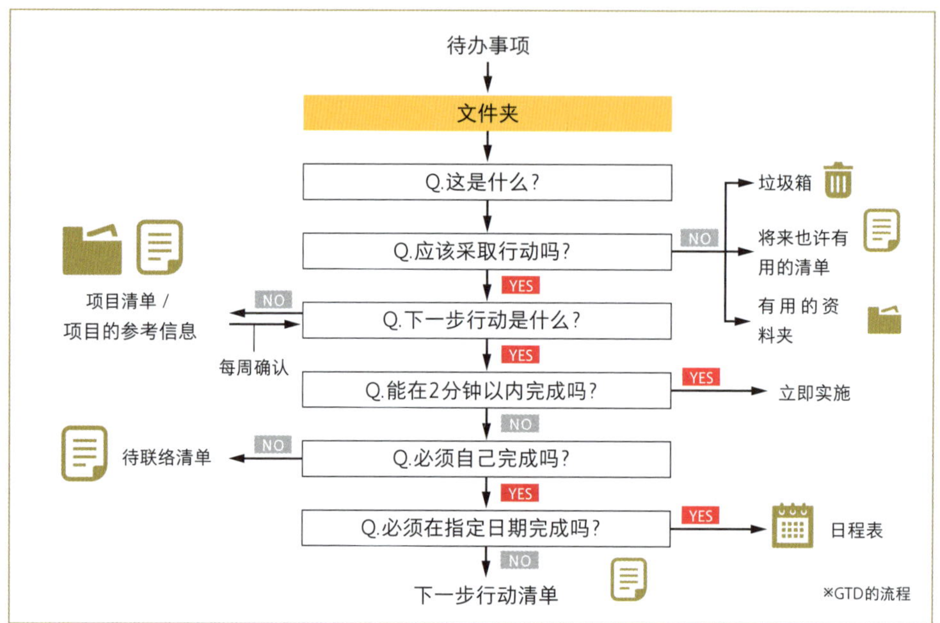

基本概念

GTD（Getting Things Done）是美国著名的时间管理大师戴维·艾伦（David Allen）提倡的工作管理方法，有助于整理头脑中复杂纷繁的信息。

对于必须思考的事项或偶然想到的事项，不要被目前状况所左右、仅凭感觉去管理，而应该运用一定的思考流程进行管理，并决定优先顺序。GTD的优点，就是有助于厘清头脑中混乱的思绪，然后专注于此刻应该思考的事项。

GTD的思考流程，分为“把握”“明确”“整理”“更新”“选择”5个步骤。首先把浮现在头脑中的事项全部放进“文件夹（inbox）”（即信息管理场所），再按照规定流程进行分类、实施。

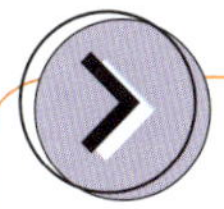

思路

❶ [把握] 把想做的事项、必须做的事项等头脑中一直惦记着的待办事项列出来，暂时放进“文件夹”。“文件夹”可以是纸张或便笺等实体工具，也可以是记事本App等数码工具。

❷ [明确] 确认文件夹里的待办事项，明确各个事项具有什么意义以及需要采取哪些行动。依照范例流程图中间的6个问题，把待办事项归类至外侧的8个类别中。

❸ [整理] 把待办事项分别归类至“垃圾箱”“将来也许有用的清单”“有用的资料夹”“项目清单”“立即实施”“待联络清单”“日程表”“下一步行动清单”，然后再进行整理，确认有没有重复的内容。另外，GTD的所谓“项目”，是指需要采取多个行动步骤的事项，有时会比一般意义上“项目”的完成期间要短。例如，“举办公司内部学习会”这项任务包括了“讨论内容”“选定讲师”“预订场地”等多个行动步骤，所以就可以成立“举办公司内部学习会”的项目进行管理。

❹ [更新] 定期更新各个清单以及资料夹里的内容。

❺ [选择] 从当前状况、可利用的时间和资源、优先顺序等方面进行考虑，选择应采取的行动并付诸实施。

思考的提示

对文件夹进行统一管理

如果没有准备好文件夹就贸然开始，或者使用多个文件夹而导致信息散乱，这样就无法充分运用GTD管理。请准备好自己方便使用的文件夹（用笔记本或记事本App都行），以此建立可以进行统一管理的体制吧。

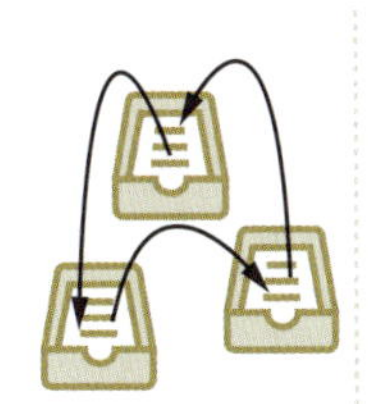

信息散乱

集中在一个地方

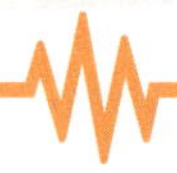

42 自责思考法

优先思考自己能解决的问题

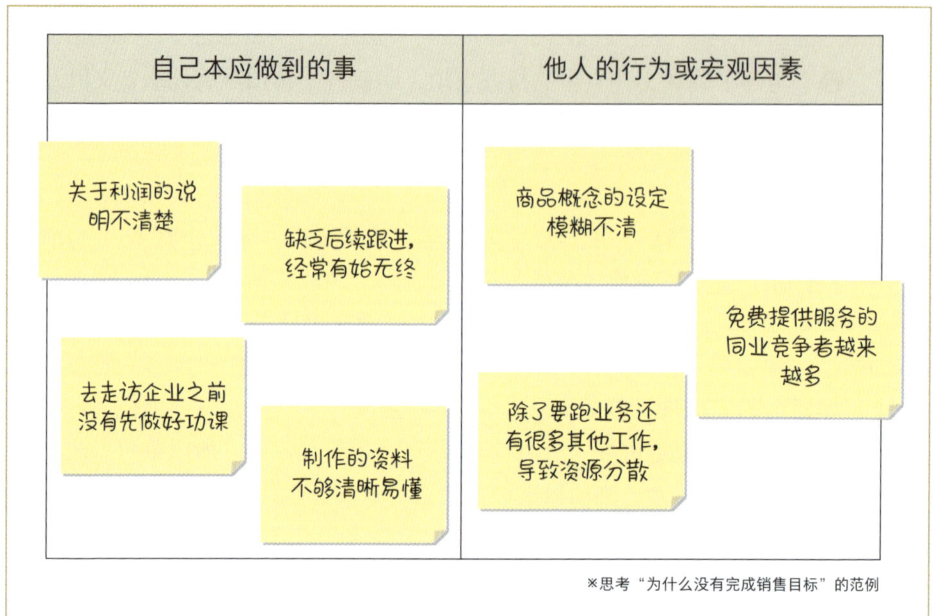

※思考"为什么没有完成销售目标"的范例

基本概念

认为问题的原因出在"他人"身上，就是"他责"；而认为问题的原因出在"自己"身上，就是"自责"。

所谓"自责思考法"，就是优先把责任归咎于自己的思考方式。例如，接到顾客投诉时，认为"问题出在上司或部下对待顾客的态度"，就是"他责"；认为"问题出在自己对待顾客的态度"，就是"自责"。

"他责思考法"和"自责思考法"都是必要的思考方式，但"只是他责，毫无自责"的想法则大有问题。因为，一旦认为问题的原因都在别人身上，就难免会停止思考，无法进行下一步行动。面对问题时，首先要问一下自己："我能做什么？"

思路

❶ [写出问题点] 把想要解决的问题点写出来。

❷ [判断起因是否在于自己] 把写出的问题点分为“自己本应做到的事”和“别人的行为或宏观因素”。这时候，着眼点在于是否有自己能控制的因素及其内容。虽然“同业竞争者的动向”“行业结构”等因素不是自己可以改变的，但如果个别细看的话，其中也可能会有自己可以掌控的部分。例如，收集客户企业信息、走访企业之后的后续跟进等，有很多地方是自己可以做到的。

❸ [思考自己能做什么] 对于自己可以解决的因素，需思考解决方案并付诸实行。经常问自己：“我能做什么？”“我如何做出自己的贡献？”“我可以从哪里开始改变？”

❹ [思考需要别人协助才能解决的问题] 努力完成自己能做的部分，取得相应成果，同时思考“自己一个人无法解决，需要别人协助才能解决的问题”的解决方案，并向相关人员寻求协助，努力解决问题。

❺ [思考宏观问题的解决方案] 努力完成自己能解决的或在别人协助下能解决的问题，同时关注宏观问题。抱着“以天下为己任”的态度思考：“能否解决行业结构本身的问题？”“能否解决社会层面的问题？”

思考的提示

从能改变的地方开始改变

自责思考法的关键，就是首先专注于自己能改变的要素。根据自己负责的业务内容和规模，先找出自己能改变的地方，然后再从这里扩展到解决整体问题。对于那些看似因他人行为或宏观因素造成的问题，也可以尝试分解一下，看看自己能做些什么。

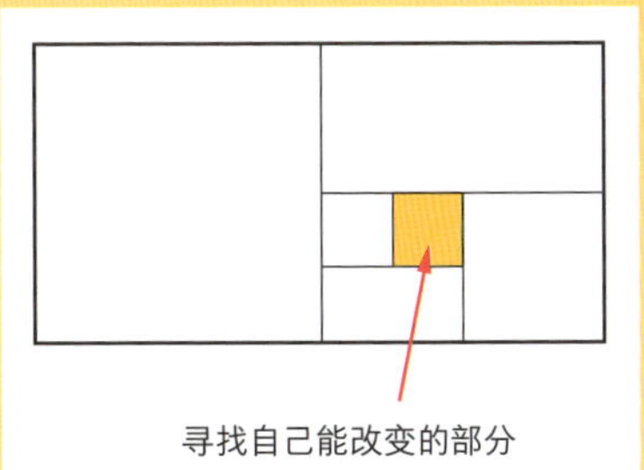

寻找自己能改变的部分

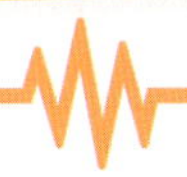

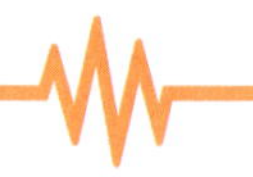

积极思考法

重视事物的优点或优势等积极方面

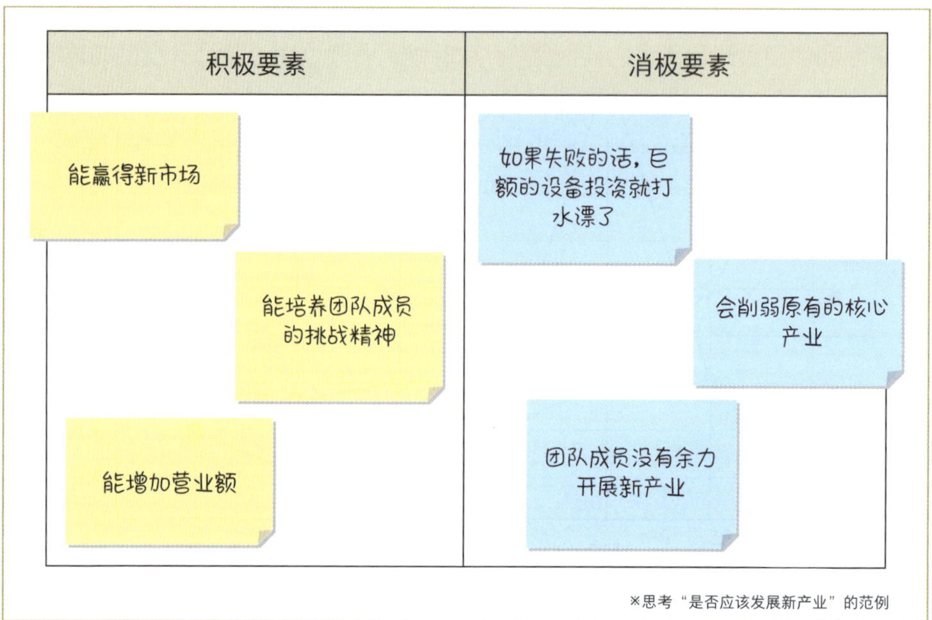

※思考“是否应该发展新产业”的范例

基本概念

任何事物都有积极与消极两个方面。重视积极方面的思考法就是“积极思考法”。当你想到一个点子时，不能因为顾虑到有风险或嫌麻烦就放弃，而应该着眼于所能获得的回报。而且，不能一直纠结于自己的弱点而变得态度消极，而应该优先考虑如何最大限度地发挥优势。

当然，积极思考法也并不认为“消极方面”就等同于“坏处”。如果一直对消极方面视而不见，那就无异于不计后果的鲁莽之人。

积极的言行，比消极的言行更具有号召力。对于一个需要团结众人来解决问题的领导者来说，积极思考法是非常必要的。

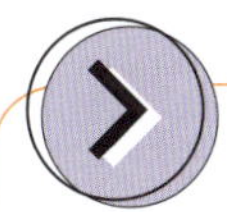

思路

❶ [把积极要素可视化] 对思考对象的积极要素进行思考。着眼于“好处”“优点”“优势”“可能性”，以积极的态度思考。在上述范例中，思考“是否应该发展新产业”的问题时，着眼于“能赢得新市场”“能培养团队成员的挑战精神”等积极要素。

❷ [把消极要素可视化] 思考是否存在消极要素。着眼于“问题点”“坏处”“弱点”“困难度”，把令人感到不安的要素可视化。

补充 加分法与减分法

把积极要素可视化时运用“加分法”，把消极要素可视化时运用“减分法”，这样有助于思考。如果发现自己过于偏重某一方面的要素，就尝试同时运用加分法与减分法。

❸ [思考如何充分发挥积极要素] 把握住积极方面与消极方面之后，就应该思考如何最大限度地发挥积极要素。要问一些正面的问题来帮助思考，例如：“该如何利用机会？”“要怎么做才能得到更好的结果？”

❹ [思考如何弥补消极要素] 思考弥补消极要素的方法。为了大胆地发挥积极要素，必须事先为消极要素做好后盾。

思考的提示

积极思考法与消极思考法

前文提到过，消极要素本身并不等同于“坏事”。从风险管理的视点来看，能做到正视消极要素，是一项非常重要的能力。在追求宣传效果的时候应该采用积极视点，而在实行阶段需要小心慎重时，则可以从消极视点进行思考。

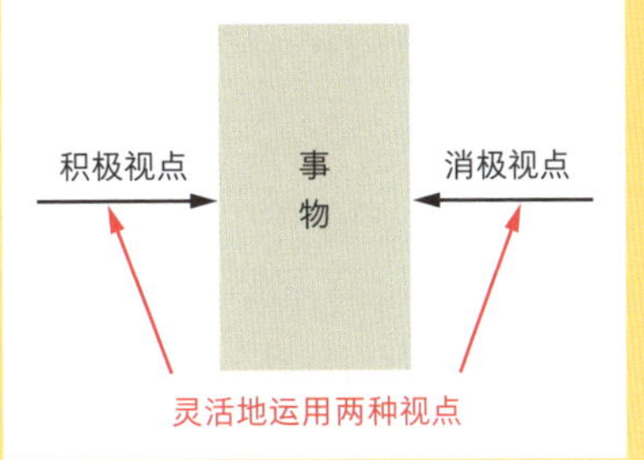

ABC理论

通过把握“必须意识”来调整思考和行为

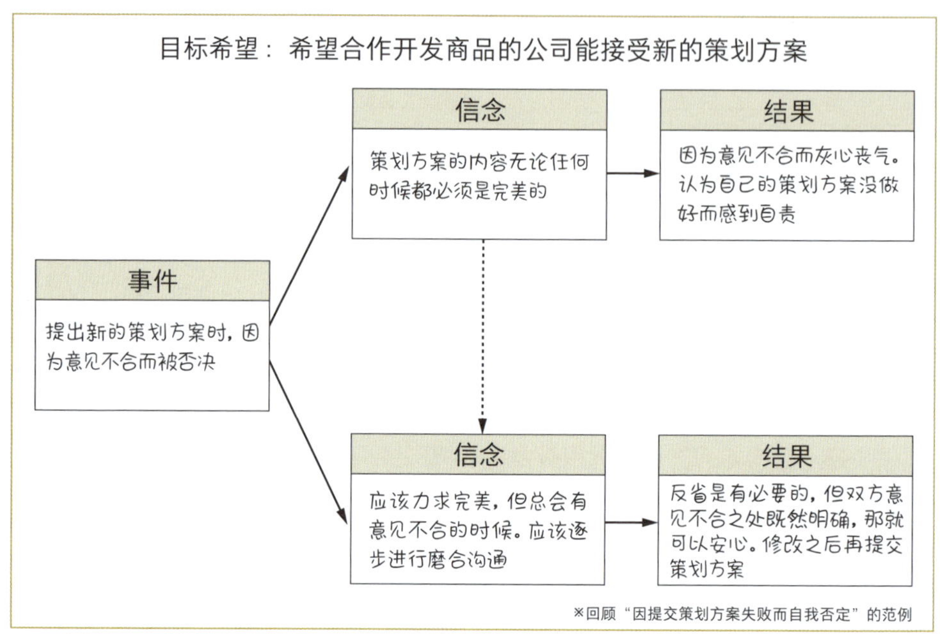

基本概念

“ABC理论”认为：在事件与结果之间，存在着不同“信念”所带来的不同解释，而这种差异往往会左右结果。ABC理论是阿尔伯特·艾利斯（Albert Ellis）提出的“理性情绪行为疗法”的核心思想，ABC分别代表“事件”（Activating Event）、“信念”（Belief）、“结果”（Consequence）这三种要素。

即使遇到同样的事件，每个人产生的情绪与采取的行动都不尽相同。这种差异的背后，其实是潜意识中的“信念”在产生影响。只要能把握不合理的“必须意识”，区分合适的情绪与不合适的情绪，就能调整自己的行为或想法。当自己或团队成员感到过度不安、恐惧或情绪低落时，ABC理论都能派上用场。

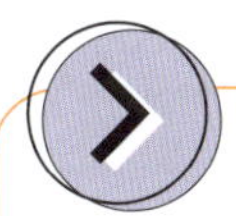

思路

❶ [写出目标或希望] 把目标、希望等写出来。尤其是着眼于想获得成功或得到认可之事。

❷ [写出产生妨碍的事件] 写出在追求 ❶ 的过程中会产生妨碍的事件。尤其是着眼于失败的事件或遭到别人拒绝的事件。

❸ [写下结果] 遇到妨碍之后出现什么结果？自己有什么感觉？发生什么样的情绪变化？最后做出什么决定？……把这些都写下来。

❹ [把信念表现为文字] 把事件与结果之间的信念表现为文字（意识化）。所谓信念，是指自己信奉的价值观、思考方式、观点、认知、意义、哲学、态度等。总而言之，就是对于事物的理解方式或感受方式。另外，如果觉得自己难以把信念表现为文字的话，可以请自己信任的人协助。

❺ [确认信念的妥当性] 在意识化的信念中，有没有过于否定自己、太过悲观的想法？请找出“必须……”“绝对……”之类的想法，或是受社会普遍意识影响而产生的“应该……”论调。认真思考：这个信念是否真的正确？自己是否有这样的义务？这个信念是否能让自己幸福或有助于提高工作能力？

❻ [更新不妥当的信念] 更新信念，用健全的信念取代令自己感到痛苦的信念。

思考的提示

列出“必须意识”所产生的想法

大多数情况下，信念存在于我们的潜意识中，不一定能很快意识到。

当我们的情绪或心情发生变化时、意见不合时、思维混乱时，就需要思考其背后隐藏着什么样的“必须意识”，并将其转化为文字（如右图所示），这样才有助于思考。

- 领导者必须完美地处理每一件工作
- 每个想法都必须与众不同
- 每个人都必须树立为社会奉献的伟大理想

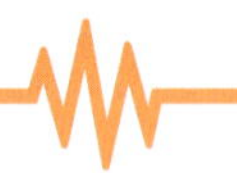

45 内观法

通过反省来了解自己

我得到的帮助	我给予的回报	我给对方添麻烦
我刚进公司时，他教给我很多工作方法	我按照指示完成了许多后台业务	当我工作失误时，他替我向客户道歉
我被推荐为项目负责人		当我为职业规划而苦恼的期间，他为我操心
当我陷入低谷时，他请我吃饭		当我找到新的工作目标时，他费心为我安排业务交接
他介绍我认识很多人		

※思考自己与上司的关系的范例

基本概念

所谓“内观法”，是通过观察自己内心来了解自己的方法。内观法源自净土真宗的精神修炼法，现在也被应用于心理治疗。重新审视自己与同事、上司等人之间的关系，从“我得到的帮助”“我给予的回报”“我给对方添麻烦”这三项进行反省。

在思考过程中，我们会着眼于自己对别人的歉意和感激。因此，面临人际关系或交流沟通的问题时，容易发现自己也有应该反省之处，然后再将其应用于解决问题或改善人际关系。

有一种方法，是找个容易保持专注的安静地方，用一周左右的时间实行内观法。但本书的目的，是将其应用于日常生活中的回顾或反省，所以只介绍大致的流程。

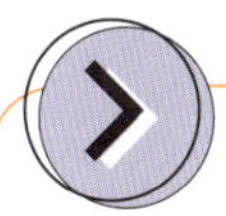

思路

❶［设定相关人物］回想平时在工作或生活中有接触的人，从中找出想要改善关系的人或与目前面临问题相关的人。

❷［回顾自己得到的帮助］针对 ❶ 设定的对象，回顾一下“自己得到过的帮助（受到的关照）”，并写在笔记本上。回顾时要抱着一种感谢的心情。

❸［回顾自己给予的回报］思考“自己为对方做过什么（给予的回报）”。回想自己通过什么事为别人做贡献。

❹［回顾自己给对方添麻烦的事］然后思考“自己给对方添麻烦的事”。主要着眼于让对方觉得困惑或担心的事情。另外，还要想一下当时对方是什么样的心情，并一起写下来。在此过程中需要思考：自己的行动或思考方式是否有问题？如果有问题的话，具体错在哪里？

❺［着眼于变化或发现］在 ❷~❹ 的内观过程中，应着眼于对对方的心情、想法的变化以及自己在言行或想法上的变化与发现。思考一下，如何将其应用于今后的交流沟通或改善人际关系。

思考的提示

原谅别人才能原谅自己

对别人抱有感谢之心，就有助于接纳和原谅别人，同时也有助于原谅自己。

相反，如果总是纠结于别人的过错，就很难认同自己。与其互相否定，不如思考如何做到互相认同、互相促进，这才是更重要的。

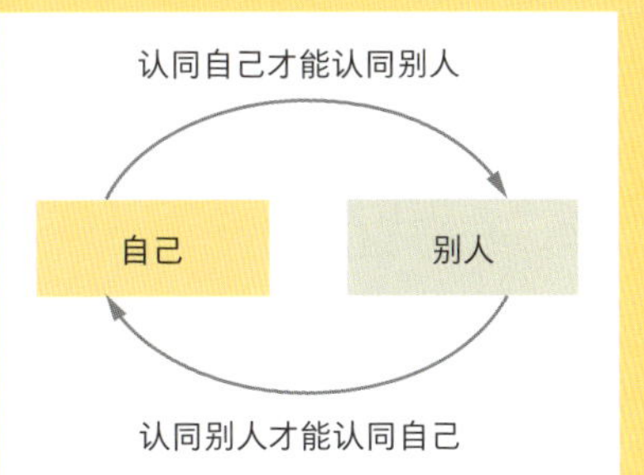

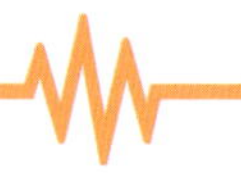

46 相对思考法

用线性思维，而非点状思维

对象	状况	对策
田中	尚缺乏基础知识和技术	首先需要学习基础。打好基础后再实行 OJT
木村	具有基础知识和技术，但工作经验还不太够	有一些工作想交给他，为此需找他谈话，确认其本人的意愿
须贝	知识和技术都很熟练，而且工作热情也很高	将一部分决定权交给他，尝试让他负责某个项目
远藤	知识和技术都很精通，而且愿意培养年轻人	让他自由发挥，在培养新人的过程中提升技术

熟练度（低）　田中　木村　须贝　远藤　熟练度（高）

达到这个层次以后，让其自由发挥的效果比较好!!

基本概念

所谓“相对”，是指事物存在于与其他事物的联系或比较的状态之中。相反，不与其他事物比较、不受制约的状态，则称为“绝对”。在工作中，我们要意识到几乎所有事物都是相对的。

例如，对某人来说，严厉的指导才能使他充满干劲；但对别人来说，却可能是一种负担。无论是工作方式还是与人打交道的方式，都没有绝对正确的答案。如果把一般认为正确的理论或过去的成功法则视为绝对真理，恐怕就会产生矛盾。

所谓“相对思考法”，是指用相对的视点把握事物，在考虑当时所处状况的前提下进行创意构思或采取决策。

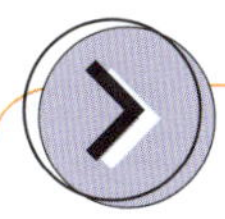

思路

❶［写下提议］确认自己或别人提出的提议。上述范例中，是在关于如何培养员工的讨论会上，有人提议："让员工自由发挥就能促进成长。"

❷［确认是否符合所有情况］思考 ❶ 的提议是否符合所有情况。在范例中，就是思考"让员工自由发挥"的提议是否适合每一位员工。分析每一位员工的情况后，就会发现：有的员工适合自由发挥，有的员工暂时还需要指导。

❸［思考应考虑的变量］认真思考：是否符合提议，这两种不同情况有何差异？作为判断基准的变量是什么？在范例中，需要考虑的是员工的"熟练度"。

❹［确认提议的定位］以 ❸ 确定的变量为基准时，原有提议应该如何定位？确认这一点之后，可以使提议变得更精确，例如："当员工达到一定熟练度时，应该提高其工作自由度；但没达到这个熟练度时则不行。"

❺［用相对思考法进行改善］用相对的视点把握状况，重新思考适合各种具体状况（比如范例中的各位员工）的对策。

思考的提示

"点状思维"与"线性思维"

运用相对思考法，其实就是把"点状思维"扩展为"线性思维"或"面性思维"。从点扩展到线，从线扩展到面，有助于不断地拓展创意。此外，认识到事物有"中间"状态，也有助于接纳别人的意见。

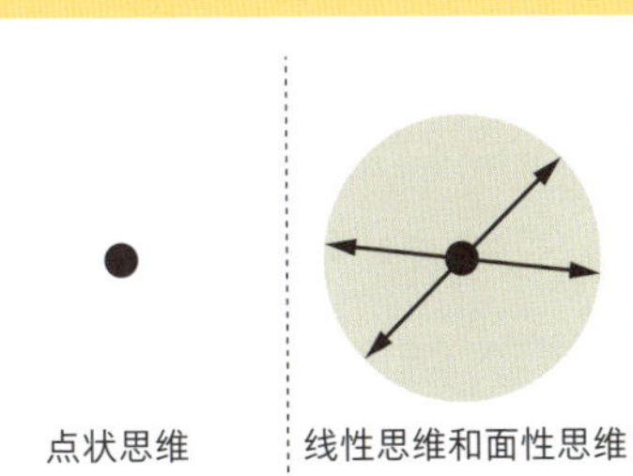

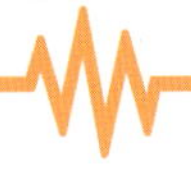

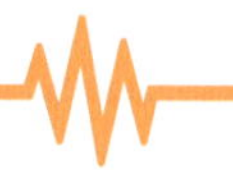

47 抽象化思考法

用“大集合”的视点来把握个别事物

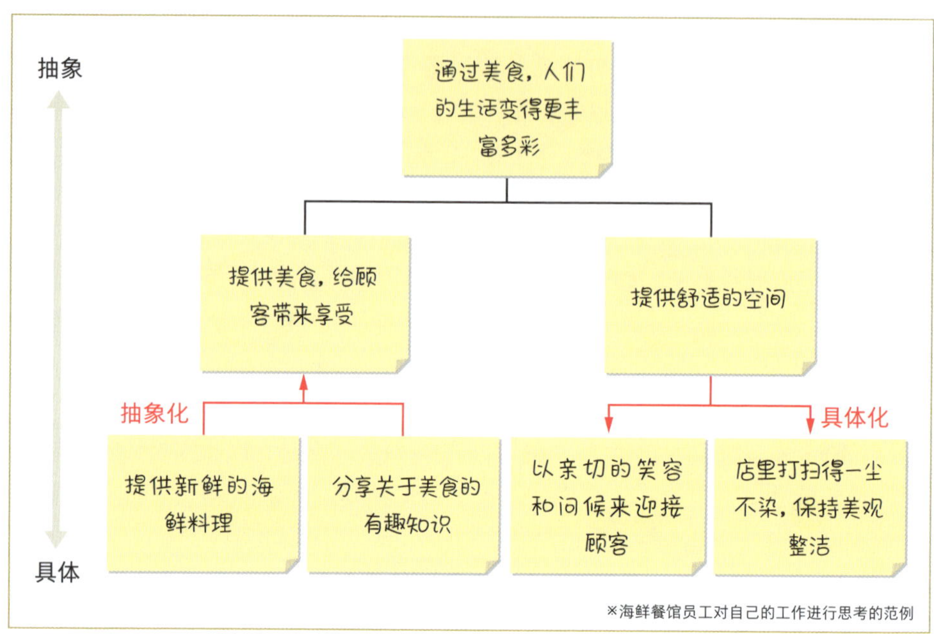

※海鲜餐馆员工对自己的工作进行思考的范例

基本概念

作为思考的主轴，“具体与抽象”是很重要的要素。所谓“具体化思考法”，是把事物的意义或状态进行细分，清楚而明确地思考。例如，“要素分解法”（参照→06）就是把思考对象进行细分。

而本小节介绍的“抽象化思考法”，则是从个别的、分散的事物中找出共同点，以“大集合”的视点进行思考。更重视整合，而非分解；更重视整体集合，而非部分集合。

在工作中，将“具体化思考法”与“抽象化思考法”搭配使用尤为重要。

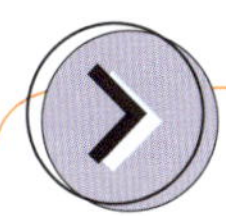

思路

❶［列出思考内容］列出目前正在具体思考的信息。在上述范例中，餐馆员工对“店里的清洁工作”“亲切地接待顾客”等进行思考时，就把这些内容写下来。

❷［找出共同点，进行抽象化］从❶列出的信息中找出共同点，思考广泛意义上的集合。在上述范例中，存在着“提供舒适的空间”这个共同点。像这样，把清洁工作、接待顾客概括为“提供舒适的空间”这个大集合，然后再进一步概括为更大的集合“通过美食，人们的生活变得更丰富多彩”。这就是抽象化思考法。

例 思考的切入点

不知道如何找到共同点时，可以着眼于事物之间共通的“特征”“属性”“意义”，问问自己：“思考这些要素的原本目的是什么？”从这里找到切入点，从更高的视点来比较❶列出的各种要素。

❸［整理阶层］对抽象度（集合的大小）进行整理，排列阶层，使整体与部分的关系一目了然（参照范例的阶层图）。尤其是多人一起思考或讨论某一件事情时，如果各个人思考的阶层出现偏差，话题就无法统一，因此必须先确认一致。

❹［观察整体，查漏补缺］整理阶层之后，从抽象度更高的视点俯瞰整体。如果发现思考有欠缺的地方，就应该反过来进行深入思考（具体化思考法）。

思考的提示

“单纯的抽象”与“可以抽象化”的区别

本小节介绍了抽象化思考法的优点和运用方法。但需要注意的是，没有具体事项的“单纯的抽象”状态只会让思维模糊不清，而无助于采取行动。

具体信息与抽象信息是联系在一起的。请努力实现在具体与抽象之间自由通行的状态。

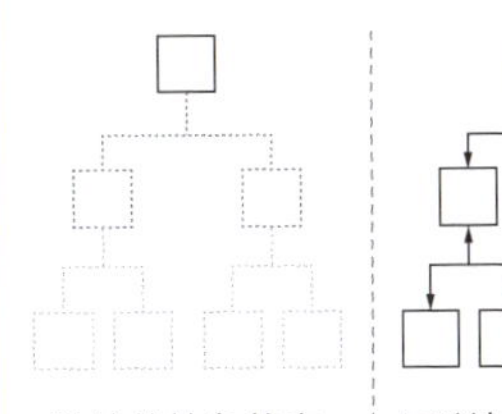

单纯的抽象状态（模糊不清）

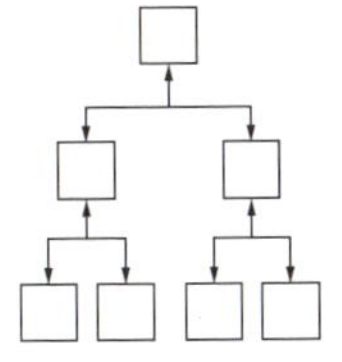

可以抽象化的状态（整体结构很清楚）

第4章的练习❶

第4章以提升项目执行力为主题，介绍了各种关于如何进行改善的思考法。本小节将运用改善思考法中最具代表性的“PDCA循环”框架，进一步学习如何将其应用于日常工作。请根据自己的实际状况灵活运用，既可以用来回顾某个项目，也可以用来回顾每天的业务。

用评价表写出 PDCA 循环的内容

PDCA循环由“计划（P）→实行（D）→评价（C）→改善（A）”这4个步骤组成。

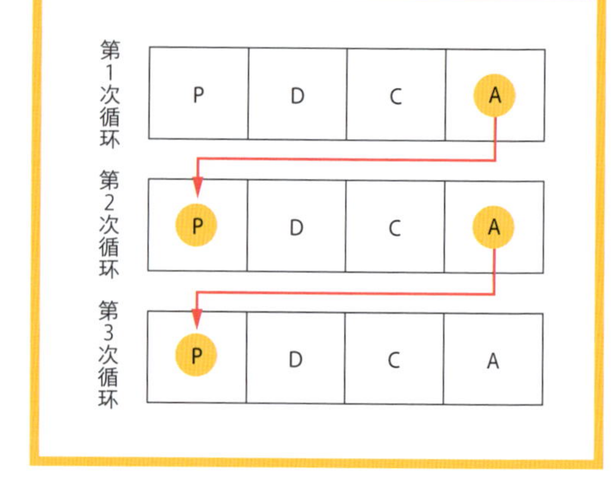

在解决问题的现场，经常可以看见这种状况：我们通常能意识到P→D→C→A这种以各“步骤”为单位的循环，但却往往会忽略PDCA→第2次PDCA→第3次PDCA这种以“循环”为单位的连续性。

在这种状态下，即使通过回顾找到了问题点，之后很可能还会重蹈覆辙。因此，在展开第2次循环时，请先把第1次循环转化为语言文字并认真确认其内容。

提高思考改善方案的精确度

以PDCA循环为单位来思考A→P的连接时，需要注意两点：第1点是“具体地思考改善方案的内容”；第2点是“思考改善方案的优点”。

如果改善方案的内容太笼统模糊，或只是强调精神力量的作用，那么就很难运用到下一次循环。应该想清楚要做出哪些具体的改变，例如行动内容或决策基准之类。

至于第2点“思考改善方案的优点”，则是要对改善方案提问“为什么”。除了要问为什么采用这个改善方案之外，还要思考有没有别的方案。从多个备选方案中挑选，可以提高接受度，而且也有助于下一次制订计划。

进行第 1 次 PDCA 循环

接下来，以“改善公司运营的网站平台”为例进行思考。为了改善原来“只重视文章数量而忽略了内容薄弱”的状况，探讨并实施改善方案。

计划　Plan	实行　Do	评价　Check	改善　Action
将原本重视文章数量的网站平台改为重视质量。将新发文章的数量减半，同时还要维持用户点击量	增加每篇文章的字数，使内容更充实。结果，文章数量减半，而用户点击量却增加到 1.4 倍	内容变充实后，每篇文章的分享次数和相关文章的浏览次数都增加了，这点值得肯定	提高文章的质量，同时有意识地设计一些分享文章或链接阅读的方法

在第 1 次循环的基础上，进行第 2 次循环

确认第1次循环，然后提出下一个假设，以期获得更好的成果。对第1次循环的“改善（Action）”内容进行进一步深入挖掘，制定第2次循环的“计划（Plan）”。

计划　Plan	实行　Do	评价　Check	改善　Action
将分享链接的按钮设计得更显眼。插入相关文章及其关键词的链接。以期实现用户点击量提高 10% 的目标	重新设计分享按钮，调整跳转页面的链接方式。结果，用户点击量只提高了6%	跳转链接的调整效果较好，继续实施。但分享按钮的设计效果不佳，需要改善	使用更吸引人的文章标题与图片，以提高用户的分享意愿

第4章的练习❷

接下来谈一谈关于“目标”。在PDCA循环中，目标就是在P（计划）阶段所思考的内容，是实施项目时必不可少的要素。

设定“状态目标”“行动目标”“学习目标”

在实施项目或日常工作中，都必须设定“目标”。接下来我们把目标进一步细分成“状态目标”“行动目标”“学习目标”这三种目标进行思考。

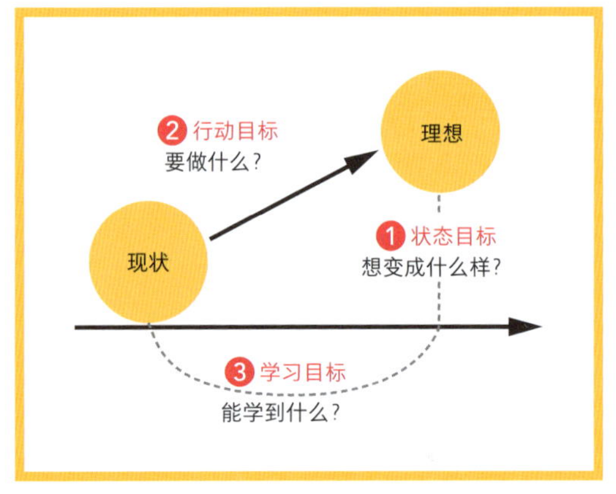

所谓“状态目标”，是思考“想要变成什么状态”“理想状态是什么样的”。例如：“月营业额1000万日元”“本公司产品的市场占有率成为业界No.1”等。

所谓“行动目标”，是思考“为了实现理想状态应采取什么行动”。假设“状态目标”是“月营业额1000万日元”，那么“行动目标”就可以设为“每个月多跑10家新客户”“制作促销专用的登录页以投放广告”等。

所谓“学习目标”，是思考“在行动的过程中可以学习到什么”。例如在“制作促销专用的登录页以投放广告”这个行动的过程中，可以学习到“如何写出打动人心的文章”“如何在短期间内进行PDCA改善循环”等。

除了商业性指标，还应该重视学习指标

一般在工作中提出的目标，只有“状态目标”与“行动目标”这两种。可以

说，为了实现目的，这两种目标是必不可少的。

不过，如果想挑战新事物、努力提高效率与产能，就必须重视行动主体——“自己”的成长。设定“学习目标”，才能有意识地学习，才能促进成长。

思考团队目标

我们来思考一下：当开始实施某个项目时，应该如何设定整个团队的目标？以下范例，是项目团队正在策划与其他公司合作开发商品。

状态目标	・年度营业额增加1000万日元 ・增加顾客数量（新顾客比上年增加10%以上）
行动目标	・合作开发商品 ・去之前没联系过的1000家以上的厂家跑业务
学习目标	・学习如何与其他公司合作开发商品 ・学习如何实施项目

思考自己个人的目标

设定了组织的目标之后，还需要设定个人目标。请思考：自己如何为团队做贡献？在此过程中，自己想学到些什么？

状态目标	・新争取到10家以上同意销售该合作商品的店铺
行动目标	・到100家以上的新客户那里跑业务 ・听取100人以上的用户反馈
学习目标	・锻炼能传达商品魅力的说话技巧 ・学习如何营造轻松交谈的氛围

第4章的练习❸

重复进行PDCA循环以改善业务，同时通过实施项目获得学习——这两个流程都必须进行反思。在第4章的最后一项练习里，我来介绍一种反思的方法。

运用 KPT 对每一天进行反思

所谓“KPT”，是指运用“保持（Keep）”“问题（Problem）”“尝试（Try）”这3个项目对工作状况或结果进行反思。KPT的优点在于可以设定思考框架，以防止反思变成单纯的心得分享或人身攻击。运用KPT时请按照以下3个步骤进行，大致样式如下图所示。请将自己正在开展的业务、项目或活动设定为主题，尝试运用KPT进行反思。

1. 写下应该继续保持的方面（成功之处）
2. 写下需要改善的方面（问题点）
3. 写下新的尝试（解决方案）

此外，在确认KPT的各个项目时，以下视点将有助于思考。

步骤	项目	视点
步骤①	Keep 保持	在活动中，自己对什么事情有成就感？对什么事情有愉悦感和满足感？
		自己的行动有什么成功之处？为什么能成功？
		别人的行动有什么成功之处？为什么能成功？
步骤②	Problem 问题	有没有遇到挫折或妨碍目标的事情？
		在活动中，有没有感到困惑、烦恼或难以忍受的事？
		有没有觉得，某个团队成员本来应该可以做得更好？
步骤③	Try 尝试	怎样才能更有效率地实施步骤①“Keep”所写的内容？
		怎样才能解决步骤②“Problem”所写的内容？
		下一个目标设定或计划表是什么样的？

用 KPT 进行反思

KPT的基本样式如下图所示，分成3栏进行思考。先在左边写出“保持”和“问题”，再对照着在右边写出“尝试”。下图是在激活商店街项目中实施“创意马拉松（Ideathon）”的KPT。

<table>
<tr><th>保持</th><th rowspan="1">尝试</th></tr>
<tr><td>· 吸引到比预计人数更多的参加者
· 让更多人理解这个活动的意义
· 负责宣传的岸田先生写的文案引起很多人的共鸣
· 当天的活动策划很精彩，很有创意
· 项目的标志和插图大受好评</td><td rowspan="3">· 今后要对信息共享的工具和方法进行统一管理。沟通用 Slack，数据管理用 Google 云盘，任务一览表放在 Trello。每周三进行一周回顾
· 深入探讨现场课题，文案中让商店街的人员露脸
· 站在参加者的立场考虑，尽可能地减少使用专业术语和外来语
· 更新网页，以便更清楚地传达活动的意义和背景。增加可使用电子邮箱注册会员的功能
· 加强与行政部门之间的联系</td></tr>
<tr><th>问题</th></tr>
<tr><td>· 有的地方专业术语太多，难以理解
· 各部分进度不一致，以至于感到不安
· 行政人员的参与度稍有不足
· 没有留下对活动感兴趣之人的相关信息（邮箱地址等）</td></tr>
</table>

养成随时回顾的习惯

KPT适用于个人和组织。不过，如果想一次性反思长期的内容，难免会充斥着许多数值化的信息，很难思考具体的问题点。因此，请利用笔记本或日报，每天进行简单的回顾。每天只需用10分钟或5分钟就足够。请确保每天思考KPT的时间，以此积累反思的素材。

专栏 运用“Yes，And”的思维模式

当由多人一起讨论某个事物时，应该运用“Yes, And”的思维模式。这种思维模式，就是不用“No”来否定和排斥别人的想法，而是先用“Yes”来肯定和接受对方，由此继续展开思考和对话。

不要用否定来排斥，而是用肯定来鼓励

彼此进行讨论时，如果提出什么点子总是被否定的话，难免会营造出一种让人不敢积极提出想法或意见的氛围。

因此，不要动不动就否定，而要多肯定，这样更能鼓励大家提出创意，从而进一步提升创意的质量。这种思维模式就是“Yes, And”。

添加自己的想法之后再返还给对方

具体而言，就是以“Yes！（赞！）”的心态接纳对方提出的点子。在这个阶段，即使觉得对方的点子缺乏具体性或可行性，也应该把它视为创意的种子而接纳。然后，以“And……（如果要改善的话）”的视点，添加自己的想法之后再返还给对方。

像这样，有人提出某个点子，你就用“Yes, And”来添加想法，然后别人再用“Yes, And”对此添加别的想法……不断反复进行下去。

在别人的“1”上添加小小的“0.1”，再继续传递下去

“Yes, And”的思维模式，就是当有人提出“1”的点子或意见时，我们应该给予尊重，添加自己“0.1”的想法，使其变成“1.1”再继续传递下去。

提升分析能力

48 假设思考法

49 论点思考法

50 框架思考法

51 瓶颈分析法

52 漏斗分析法

53 相关分析法

54 回归分析法

55 时间序列分析法

56 Why思考法（分析原因）

57 因果关系分析法

58 因果循环法

59 系统思考法

60 KJ法

提升分析能力

在第5章，要介绍在收集信息、验证假设等分析阶段可作为参考的思考法。在学习本章的思考法时，请随时留意如何接收处理信息。

做决策需要分析能力

所谓分析，就是通过分解和比较来把握事物结构，找出有助于决策的素材。例如，在考虑是否要投入新市场时，如果贸然做出决策，就跟赌博没什么两样。决策之前需要进行各种分析：这个市场的发展趋势是扩大还是缩小？背后有哪些影响因素？自己公司的优势是否适合这个市场？……本章介绍的思考法，就有助于你在决策之前收集信息。

带着“目的”和“假设”进行分析

进行分析之前，必须先明确目的。例如，“找到营业额下降的原因，采取相关对策”就是常见的目的。

根据此目的决定要分析什么时，需要提出假设。所谓假设，就是对于某个问题的暂时回答。先提出一个暂时的结论：“可能是……吧。”再验证它是否正确。为什么提出假设这么重要呢？这是因为，面对大量调查和分析项目时，我们必须决定优先顺序。

例如，在分析营业额下降的原因时，不必逐一审查本公司的所有资料，而是先提出假设：“可能是因为营业时间缩短的缘故？”“可能是因为开发新产品的频率减少了？”然后围绕这个假设来收集信息，这样能提高分析的效率。本章首先介绍假设思考法、论点思考法、框架思考法。让我们一起学习关于“分析目的”与“分析对象”的思考方式以及具体的分析手法吧。

分析的基础是“分解”和“比较”

在发现问题、设定课题、制定策略、交流沟通等各种场合的分析过程中，“分解”对象是非常重要的。分解之后，对各部分进行思考和比较，就能获得有用的判断材料。

例如，把“增加营业额”这个大课题分解成产品、促销方法、价格设定等各个部分进行思考，就是“分解思考法”。另外，比较去年与现在的状况，或比较本公司与同业竞争者的“比较思考法”也很有用。请运用这些思考方式，提高解决问题的各个流程的精确度。

至于“分解什么”的问题，可以在学习本章内容的同时参考第1章介绍过的“要素分解法”。

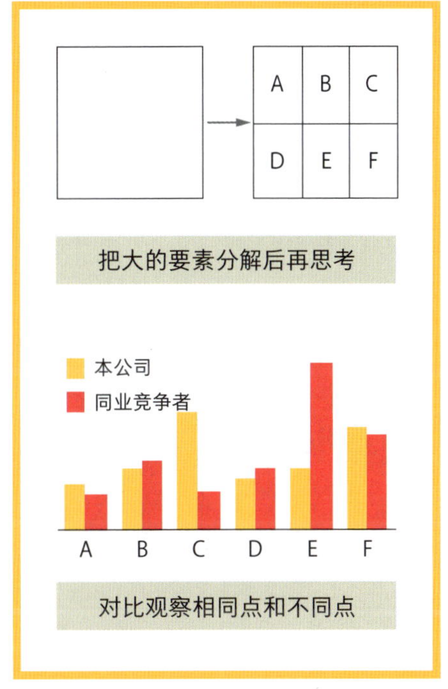

关注事物之间的关系

处理信息或数据时，重点在于如何把握事物之间的关系。表示关系的概念，以“相关关系”和“因果关系”最具代表性。当一方的变量增加时另一方也随之增加，或是当一方的变量增加时另一方就随之减少——这种关系称为“相关关系”。其中，当一方是原因而另一方是结果时，则称为“因果关系”。

本书通过各种切入点来思考问题——这些“问题”，其实正是某些原因造成的“结果”。为了准确地把握问题的原因并采取正确的对策，请一定要提高对因果关系的理解能力。

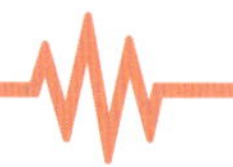

48 假设思考法

在反复假设验证的过程中提高结论质量

问题：店面装修后的营业额并没有增长。那么，公司应该着眼于哪些关键的问题点呢？

提出假设

初步假设	进一步假设	再进一步假设
营业额不见增长。从数据来看，会不会是因为“广告效果差”的缘故呢？	老顾客喜欢装修前的氛围，装修后就不来光顾了——这种情况也是有可能的。	现在的氛围，缺少了一种能随时邀请朋友一起来的轻松感。应该讨论一下活动内容。

逐步深入地进行假设

实行验证

验证结果	验证结果
经过调查，发现被广告吸引而来的顾客本来就很少。比起广告效果，更明显的问题是，老顾客介绍过来的新顾客减少了。	顾客数量本身没有增长。询问了一些老顾客，说是店面装修得高档之后，感觉门槛也变高了，不太适合邀请朋友过来。

基本概念

所谓的“假设思考法”，是这么一种思考方法——针对问题提出“假设”的回答，然后在验证假设是否正确的过程中提高结论质量。其优点在于，能够在有限的时间内提高解决问题的速度。

运用“假设思考法”进行思考时，不必“等收集完所有信息之后再得出结论”，而是根据手上现有的或者比较容易获得的信息得出“假设的结论”。通过这个“假设的结论”，就能进行整体预测，缩小目标，收集和分析必要的信息。

而且，假设思考法可以运用到两种场合——“发现问题（结论=应该解决什么问题）”和“思考解决方法（结论=如何解决）”。

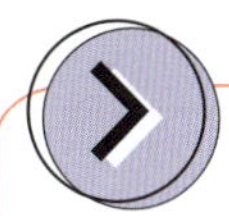

思路

❶［提出假设］对某个问题提出自己的假设。例如，当遇到“营业额没有增长”的状况时，可以根据手上现有的信息或以往的经验提出假设：“可能是这些方面有问题吧。”比如说，首先假设是因为“广告效果差”。

补充 何为假设？

所谓假设，是指在解决问题时“暂且设定一个回答（结论）”。如果不知道该提出什么假设的话，可以针对观察到的现象问“为什么”，尝试对“发生这种状况的原因”进行说明。至于如何通过假设进行深入挖掘，则可以运用“Why思考法”（参照→56）和“假设推论法”（参照→05）。

❷［验证假设］对必要的信息进行补充调查，验证假设的正确性。至于操作方法，可以运用“调查用户数据”“实施试行对策”“采访”“问卷调查”“观察行为”等。具体而言，比如说观察测试商品或试行对策的变化效果，询问用户或周围的人，明确假设和事实之间的差异。根据验证假设的规模和所需成本，选择最合适的验证方法。

❸［进化假设］根据上一步的验证结果，提出下一个假设（进化的假设）。例如，通过实际验证，我们发现不是“广告效果差”的问题，而是“不适合向别人推荐”的问题。然后围绕这一点深入挖掘。经过“❶提出假设→❷验证假设→❸进化假设”的循环之后，推导出最终结论（即应该解决的问题）。

思考的提示

不断反复摸索，寻求最佳答案

在运用假设思考法时，关键是要意识到“不可能一开始就找到百分之百正确的答案”这个前提。运用假设思考法，并非花时间慢慢地收集信息、进行分析，而是在一定时间内增加验证假设的次数，或是一边行动一边提高验证的准确度。

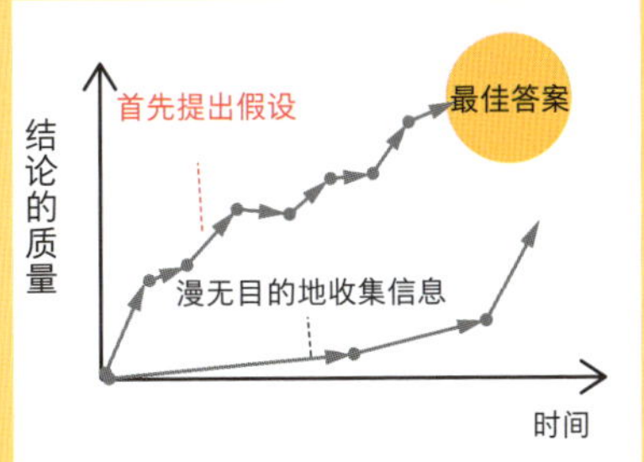

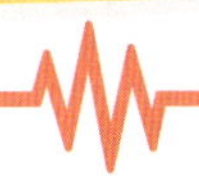

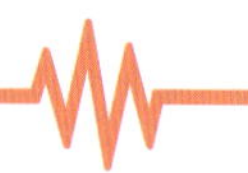

49 论点思考法

思考正确的问题（论点）

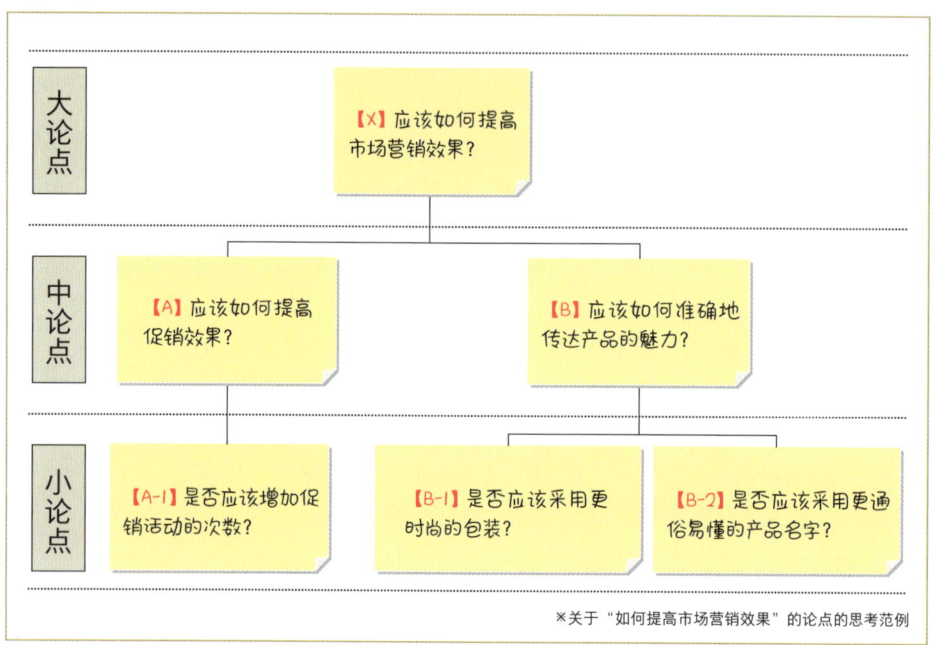

※关于“如何提高市场营销效果”的论点的思考范例

基本概念

在多个问题当中，“真正应该解决的问题（以及为了解决这个问题而应该处理的课题）”就称为“论点”。而有助于确定论点的思考法，就是“论点思考法”。如果一开始的问题设定就出现错误，那么无论你提出多完美的解决方案都无异于白费劲。

例如，一个把论点设定为“应该如何改变促销方法？”另一个把论点设定为“应该如何准确地传达产品的魅力？”——尽管最终目的都是提高市场营销效果，但思考流程却截然不同。行动固然重要，但如果目标不专一的话则很可能一事无成。

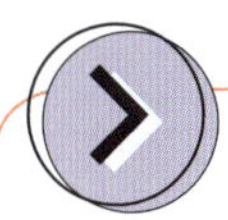

思路

❶ [列出所有能想到的论点] 要找到关键论点，第一步就是把所有能想到的论点都列出来，进行“可视化”。在日常业务中，应该经常对“现有的论点”抱有怀疑意识。面对某个论点时，先不要漫无目的地思考具体对策，而应该先提出疑问：“这真的是最应该解决的问题吗？”

❷ [缩小范围并确定论点] 从列出的论点中缩小范围，确定实际要思考什么问题。可以从以下三个视点考虑：第一，被视为论点的问题能否解决？如果是明显无法实现的论点，就应该在这个阶段排除掉。第二，实施解决方案所需的技术、资源、制度能否获得？就像第一点一样，如果解决方案根本无法实施，那么无论如何思考也无法获得最终成果。第三，成果的大小——解决问题后可获得的成果越大，就表示该论点越重要。

❸ [整理论点] 当论点逐渐明确时，就可以整理成像范例那样的“决策树（issue tree）”，使其可视化。在范例中，是根据论点大小整理成树状图。例如，正在讨论论点【A-1】，如果其上一层的论点【A】有误，那么无论再怎么思考都无法解决问题。这时必须回到更上一层的论点【X】，同时也必须思考【B】。请在把握整体结构的基础上逐一验证和完善论点。

思考的提示

在思考如何解决问题之前，先明确要解决什么问题

随时问自己：“这真的是最应该解决的问题吗？”这非常有助于提升解决问题的思考能力，因此我才会反复强调。在思考如何解决问题（How）之前，请先思考一下：要解决什么问题（What）？为什么要解决这个问题（Why）？由此找出眼下应该处理的问题。

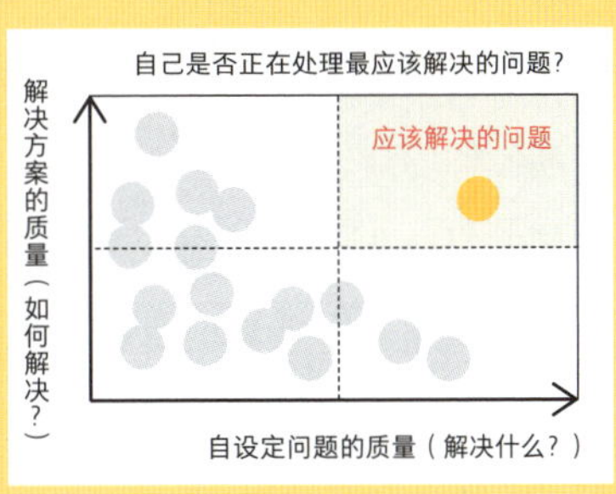

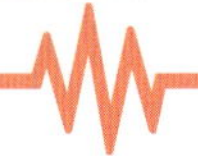

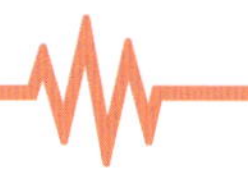

50 框架思考法

运用思考的“模式”进行高效的思考

	本公司	竞争对手A	竞争对手B	竞争对手C
产品 Product	可分析浏览量和关键词的设置	产品功能比本公司的简单。只能分析关键词	产品功能比本公司的简单。只能分析关键词	特别注重“自动追踪竞争对手公司网站排名”的功能
价格 Price	买断，售价 10 万日元	买断，售价 9800 日元	包月制，每月 1980 日元	包月制，每月 500 日元
流通 Place	只在官方网站销售	只在官方网站销售	在官方网站销售，同时也致力于代理店销售	只在官方网站销售
促销 Promotion	除了网上广告，还致力于自媒体宣传	除了网上广告，还积极举办用户交流会	除了网上广告，还积极开展线下活动	只是在开发人员的博客上进行宣传

※关于“各家公司网站的分析工具和服务内容”的分析范例

基本概念

所谓框架，是指有助于解决问题的思考框架。也可说是前人在反复摸索中积累下来的成功“模式”。运用框架进行高效的思考，就是“框架思考法”。除了适用于发现问题与设定课题之外，框架思考法还适用于分析问题、创意构思、制定策略和对策等各种场合。

框架的具体例子有很多，可应用于各种目的。例如：在市场营销方面，对产品、价格、流通、促销等项目进行思考的“4P”；在环境分析方面，对本公司、顾客、同业竞争者进行思考的“3C”；等等。运用框架思考法有很多好处，特别是能把握思考对象的整体结构和组成要素，这一点非常有助于发现问题和分析问题。

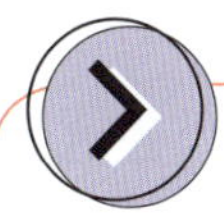

思路

❶ [决定要使用什么框架] 根据目的选择要使用的框架。在上述范例中，设定目的是“调查竞争对手的市场营销策略，改善本公司的市场营销策略”，选择了4P框架。以下是可用于调查和分析的框架范例。

例 可用于调查和分析的框架

PEST分析	从政治、经济、社会、技术等切入点来分析影响事业的主要因素
五力分析	从5个主要因素来理解和分析业界竞争结构
帕累托分析	分析积累量与比例的关系，以此决定把资源投入哪里
价值链分析	对产品从制造到供给的流程进行分解、分析

※在全书结尾附录处也会对上述框架进行介绍。

❷ [整理信息，展开思考] 根据框架收集信息，展开思考。根据目的，进行决策、判断或创意构思。例如，如果分析结果显示在“流通”方面还有改善空间，就重新审视流通策略。

❸ [加深对框架的理解] 反思框架的使用方法是否正确，以此加深对框架的理解。

思考的提示

是用于“形成假设”，还是用于“验证”？

框架可用于“形成假设”，找出应该思考的重点。另外，也可用于“验证”——在进行某种程度的独自思考之后，还能了解一般应该思考的重点。为了加强思考能力而不至于受框架的束缚，这两种方法都应该掌握。

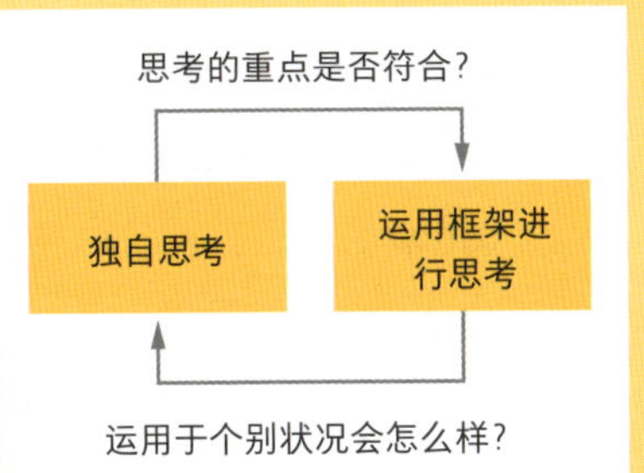

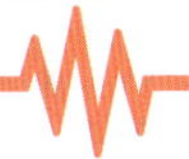

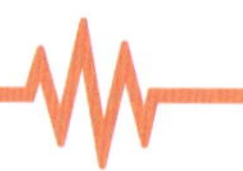

瓶颈分析法

找出让整个系统停滞不前的症结点

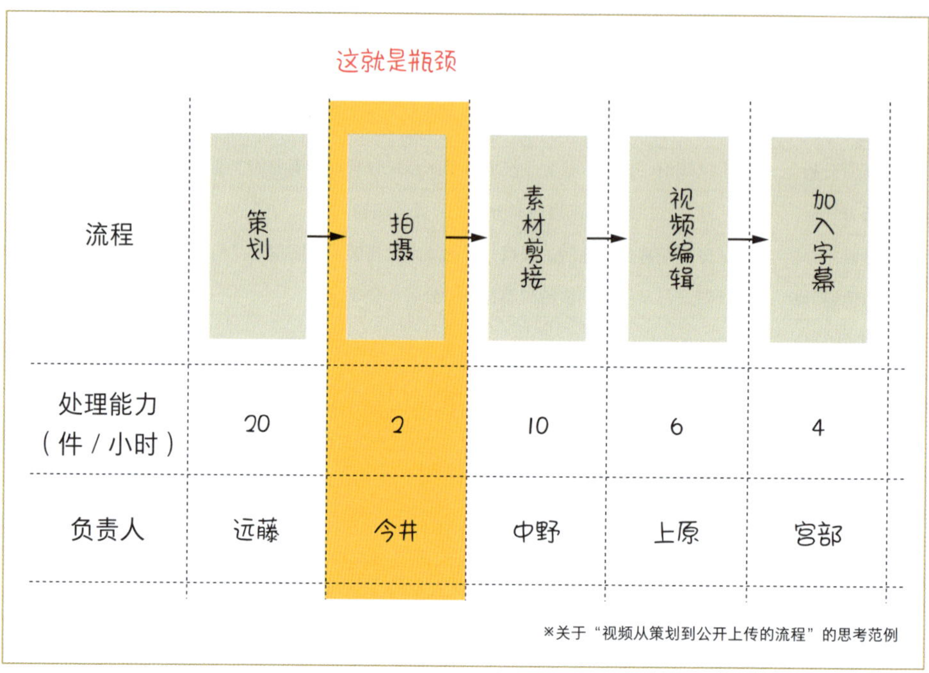

这就是瓶颈

流程	策划 →	拍摄 →	素材剪接 →	视频编辑 →	加入字幕
处理能力（件 / 小时）	20	2	10	6	4
负责人	远藤	今井	中野	上原	宫部

※关于“视频从策划到公开上传的流程”的思考范例

基本概念

所谓“瓶颈”，是指在多个工序组成的系统中，因速度太慢而影响整体效率的工序。

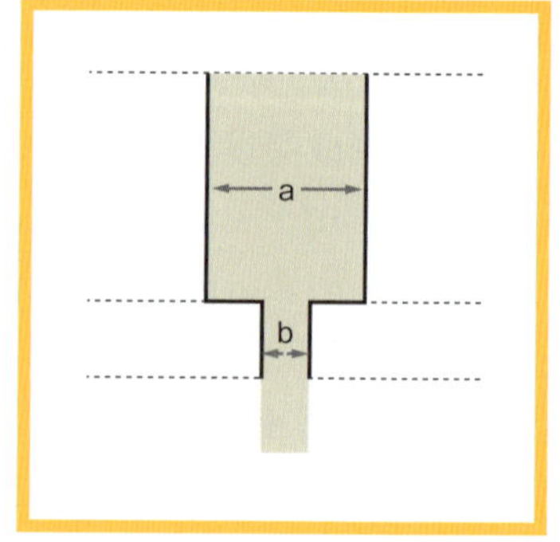

如右图所示，请想象一下将这样一个瓶子倒置使水流出，那么瓶颈b部分将会决定最终的水流量。如果想增加流量，那么扩大a部分的大小是毫无意义的，必须扩大b部分才行。找到这样的瓶颈部分并加以改善，就能提高业务的效率。

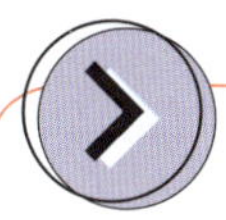

思路

❶［把流程可视化］把业务的整体结构与流程可视化。在上述范例中，团队成员分工制作视频——策划、拍摄、素材剪接、视频编辑、加入字幕、公开上传——对此流程进行整理。

❷［把处理能力可视化］接下来，把各个步骤的处理能力可视化。在思考处理能力时，应该思考每个单位时间能处理多少工作。在范例中，因为思考的是“每个小时可以处理多少件”，所以单位是“件／小时”。

❸［找出瓶颈］把各步骤的处理能力可视化之后，接着必须找出成为瓶颈的步骤。在范例中，“拍摄”步骤的处理能力为2件／小时，是影响整体产量的症结点。也就是说，这个步骤就是瓶颈。

❹［分析原因］思考为什么瓶颈部分的处理能力偏低。例如，负责人的技术不足、设备不足、资源分配不均等。根据不同原因而采取不同的解决方法。

❺［思考如何消除瓶颈］思考解决瓶颈问题的方法。在范例中，就是思考如何提高“拍摄”步骤的处理能力。如果能把拍摄步骤的处理能力增加至两倍（4件／小时），那么整体的效率也会提高两倍。如果是负责人的技术有问题，则必须审视今井的工作方式；如果是资源分配有问题，则可以考虑让负责策划的远藤去协助拍摄。

思考的提示

把资源拨给“非瓶颈”部分是不会出成果的

瓶颈以外的工序称为“非瓶颈”。如果对瓶颈置之不理而把资源拨给非瓶颈部分，最终的成果是不会有增加的。例如，即使干劲十足地“增加策划件数”，只要拍摄速度没有提高的话，最终也无济于事。这一点必须牢记。

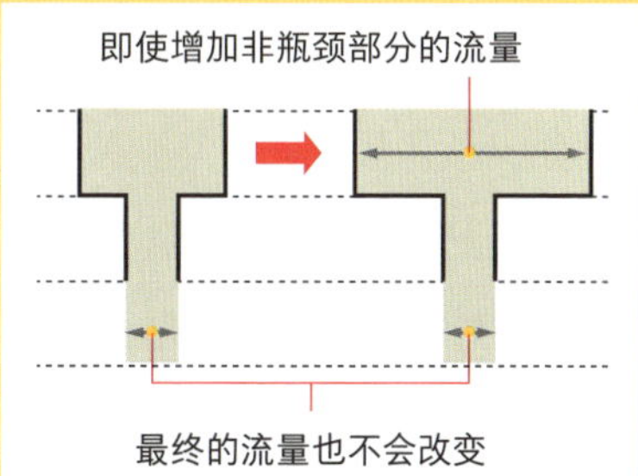

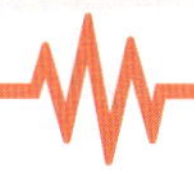

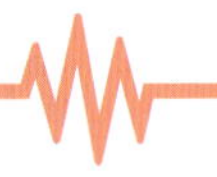

漏斗分析法

把各环节的转化率可视化，思考改善方案

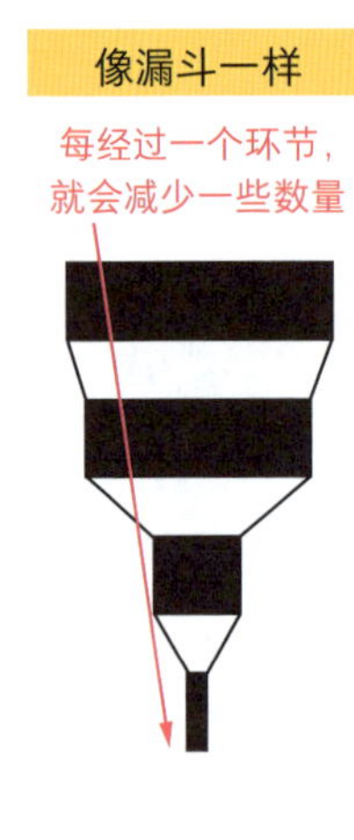

流程	指标	结果	比例	目标值
网站（认知）	网站的每月浏览人数	13450 人	100%	100%
查看信息（调查）	浏览商品介绍页的人数	11298 人	84%	75%
放入购物车（货比三家）	将商品放入购物车的人数	4304 人	32%	50%
购买（行动）	购买人数	942 人	7%	32%

※购物网站管理者运用漏斗分析法整理信息的范例

基本概念

所谓“漏斗分析法”，是指在市场营销或销售业务中对顾客行为进行分解，以分析各环节转化率的方法。由于分析结果呈现漏斗（funnel）状，因此称为漏斗分析法。

例如，顾客从认知商品到购买的过程中，在哪个阶段进展到多少比例——想把握这一状况，就能用漏斗分析法进行可视化。漏斗分析法的魅力，在于可以看清哪个环节的转化率出现问题以及是否能够改善。

不一定每位顾客都会从认知发展到购买，而是会以一定的比例减少。我们必须根据这个前提来制定策略或对策。

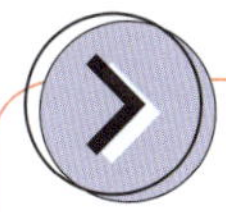

思路

❶［设定流程］设定分析的流程。设定分析区间的起点与终点，然后思考要将此区间分割成什么样的小环节。在上述范例中，分析区间是从“浏览网站”到“购买”。

❷［收集信息并将其可视化］收集关于各个小环节的信息。在范例中，先设定要测量的指标，再计算结果与比例。这里所谓的“比例”，是各环节相对于起始环节的转化率。以范例而言，发展到“放入购物车”环节的人数是13450人的32%，即4304人。

❸［找出改善点］观察整理好的信息，思考现状问题与改善点。此时，如果把数值部分做成图表，就更容易把握状况。从哪个环节开始出现问题？原因是什么？这是思考的基本要点。事先设定各环节的目标值，会成为发现问题点或改善点的基准。此外，如果各环节的转化率都很顺畅，则可以考虑如何提高初始环节的数值，再具体设计改善方案并付诸行动。

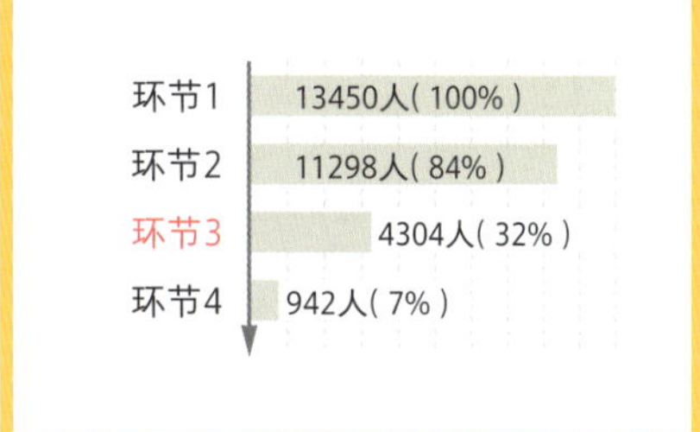

思考的提示

与“消费行为模式”搭配运用

“漏斗分析法”与常用于分析市场营销与销售行为的“消费行为模式”经常搭配使用。这种模式适用于整理顾客的购物流程。如果了解“AIDMA”及“AISAS”等具有代表性的消费行为模式，运用漏斗分析法时就能更加得心应手。

AIDMA	AISAS
Attention（认知）	Attention（认知）
Interest（兴趣）	Interest（兴趣）
Desire（购买欲）	Search（调查）
Memory（记忆）	Action（行动）
Action（行动）	Share（分享）

※AISAS是电通株式会社的注册商标。

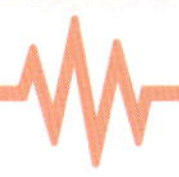

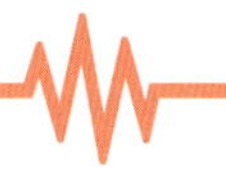

53 相关分析法

把各环节的转化率可视化，思考改善方案

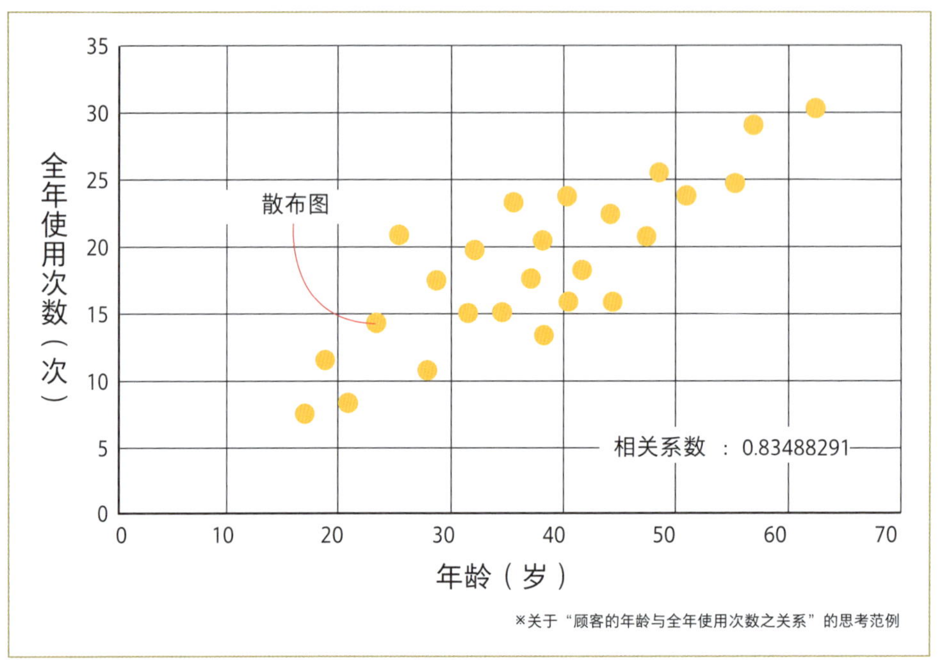

基本概念

两项数据（变量）中的其中一项增加，另一项就会随之增加或减少——这种关系称为“相关关系”。例如“气温与冰激凌的销售量”“订单数与营业额”等关系，就是相关关系的典型例子。把握事物之间的相关关系，是准确把握数据特征的必备技巧，也是思考事物因果关系时的必备环节。

所谓“相关分析法”，就是考察事物之间是否存在相关关系及其强弱程度。“散布图”是运用相关分析法的工具之一，是把两项数据之间是否存在相关关系及其强弱程度可视化的手法，可用Excel表制作。本小节将介绍如何读懂散布图呈现的相关关系。

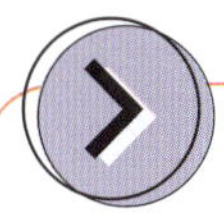

思路

❶ [收集信息，制作散布图] 收集两项变量的数据，制作散布图。准备以两个变量为轴的二维平面，把收集的数据填入图中。可以使用Excel的“散布图”功能进行制作。

❷ [思考两者的关系] 确认两个变量之间是否存在相关关系。如果一个变量增加，另一个变量也随之增加，称为“正相关”；如果一个变量增加，另一个变量就随之减少，则称为“负相关”。上述范例为正相关关系。另外，如果两者之间没有相关关系，则称为“无相关”。除了正负之外，相关关系还有强弱之分。相关性强的散布图形状会接近直线。

补充 相关系数R

相关系数R是用于把相关关系的有无及其强弱进行可视化的指标。R越接近1，就表示两者具有高度正相关关系；越接近-1，则表示两者具有高度负相关关系。关于相关系数的计算方法，本书在此从略。不过，大家还是要了解有这么一个用于判断相关性的指标。顺便说一下，在Excel中可以利用CORREL函数进行计算。

相关系数R值与相关性的基准

R值	相关性
-1~-0.7	高度负相关
-0.7~-0.5	负相关
-0.5~0.5	无相关
0.5~0.7	正相关
0.7~1	高度正相关

出处：《教你如何分析数据和统计》（柏木吉基著，日本实业出版社）

思考的提示

正相关与负相关

前文介绍过，相关关系又分为“正相关”与“负相关”。而负相关的典型例子，就是“房租”与“到车站的距离”之间的关系——距离车站越远，租金就越便宜。

请注意观察身边事物的相关关系，培养把握事物连动状况的思考能力。

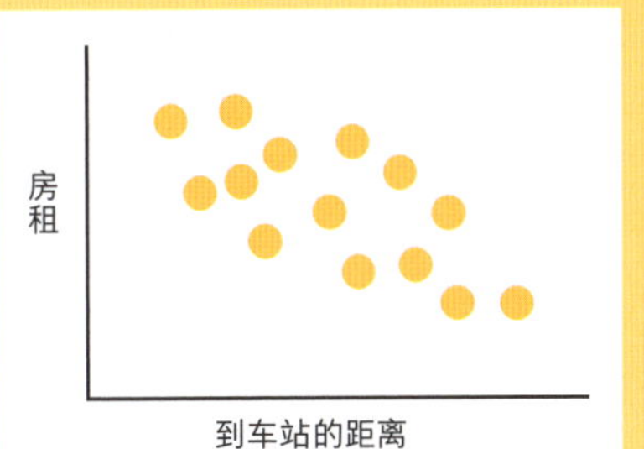

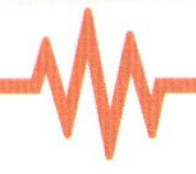

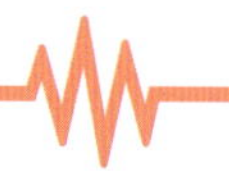

54 回归分析法

以公式把握两个变量之间的关系

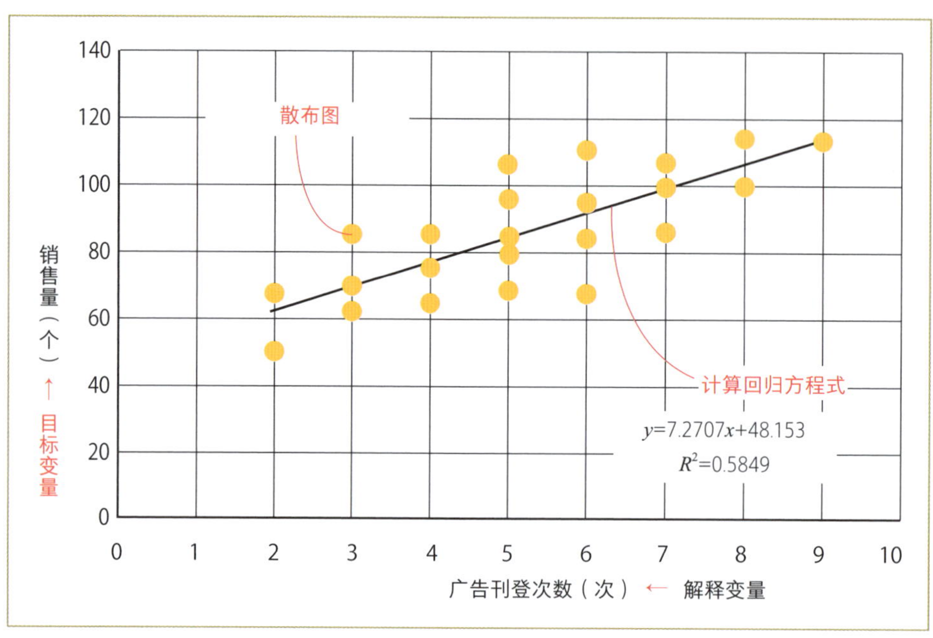

基本概念

上一小节介绍的散布图，可以用来分析两者有无相关关系及其强弱。而“回归分析法”则可以更进一步以“公式”表示变量之间的关系。简而言之，也就是以$y=ax+b$这种公式来表示变量的关系。如果能以1个解释变量（原因）来对目标变量（结果）进行说明，称为“简单回归分析”；如果需要2个以上的解释变量，则称为“复回归分析”。接下来将对“简单回归分析”的基本概念进行说明。

运用回归分析法进行思考时，必须有这样的意识：“能不能用关系式来解释事物之间的关联性？”如果能形成用公式来理解的“公式化思维”，就能更轻松地把握事物之间的关系，有助于通过数据预测未来趋势并采取策略。

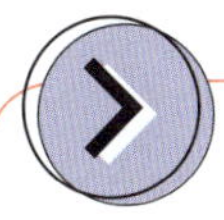

思路

❶ [收集数据并进行整理] 准备两个要分析其关联性的变量，收集相关数据并进行整理。在回归分析法中，最终想预测的变量称为“目标变量”，而用于推导出目标变量的变量则称为“解释变量”。

❷ [求回归方程式] 利用整理好的数据推导出回归方程式。此处省略关于回归方程式的数学计算方法，而只介绍使用Excel的方法。首先用Excel制作散布图，然后进入“添加图表元素”→“趋势线”→“其他选项”，再点击“线性”，就能显示出趋势线。如果勾选“图表上显示公式”，就能显示出公式。在上述范例中，显示的是产品销售量与广告刊登次数之间的关系，按照上述步骤推导出“$y=7.2707x+48.153$”的回归方程式。根据这个方程式可以预测：每刊登1次广告，大约可卖出7个产品。

❸ [对行动进行思考] 根据回归分析及其结果预测未来，然后采取下一步行动，比如说制定策略、分析后续追加项目等。另外，回归方程式的效度，则是通过“R平方”（※在Excel中可与回归方程式一同显示）的指标来表示。R平方的值越接近1，就说明回归方程式越准确地把握住数据的特征。利用散布图把相关关系可视化，利用回归分析法把回归方程式可视化——这些方法尽管很方便，但也只能表示两者具有在统计学上被视为正确的关系。运用时需要小心谨慎，不可完全照搬公式。

思考的提示

注意离群值，从中获得启示

如果出现严重偏离平均值的数值，就需要考虑它对回归方程式产生的影响。在解决问题时，如果能注意到离群值，往往有助于发现之前忽略的问题，或是获得创意构思的启示。请思考一下：为什么会有离群值的存在？

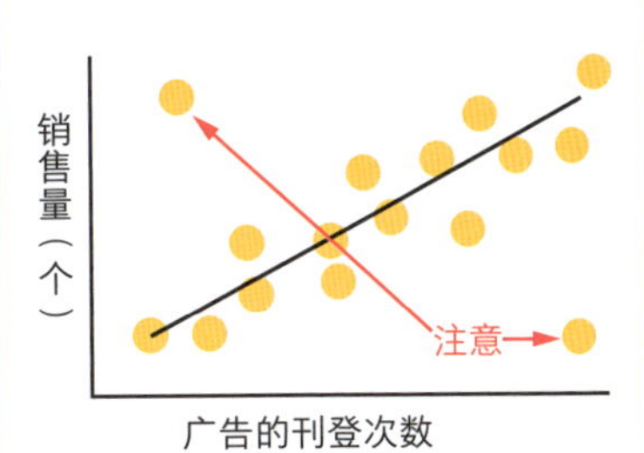

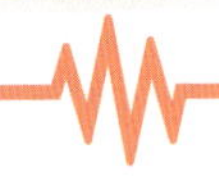

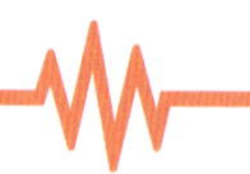

55 时间序列分析法

比较时间轴的变化

基本概念

所谓“时间序列分析法”，是一种顺着时间变化来分析信息的方法，有助于预测未来趋势。例如，按照时间序列把市场规模的变动可视化，思考造成变动的因素，就能推测该市场今后的走向。

通过在变化过程中的定位，有助于发现被忽略的一面。例如，仅靠“本月的营业额为500万日元”这个信息是无法判断好坏的。但如果通过时间序列观察营业额的变化，就能判断本月的营业额是增加还是减少，从而思考应该采取的行动。顺着时间轴重新审视手边的信息，是分析式思考法的必备意识。

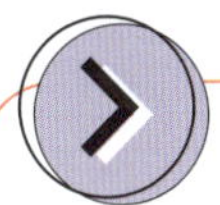

思路

❶［整理信息并进行可视化］整理收集到的信息，利用曲线图或柱形图进行可视化。这时的信息五花八门，既有营业额、销售量、用户注册人数、网站浏览人数等与用户相关的统计数值，也有员工数、离职率等与组织相关的数值。把这些数值的变化进行可视化，就有助于制定解决问题的策略。

补充 如何设定时间轴

时间轴的设定方法不同，它所表示的含义也会不同，因此必须先想好该如何设定。请分别以“日”“月”“年”等不同单位的时间间隔进行观察。有时候，在短期内来看似乎进展顺利，但以长期的视点来看却可能会发现问题。此外，应该选取哪一段“区间”，也是需要考虑的重点。

❷［找到重点并进行考察］认真考察，思考一下从可视化的信息中可以得出什么结论。确认哪些要素随着时间减少（或增加）后，再进一步思考出现这种变化的原因及其背景。如果有数值大幅提高或下降的地方，或出现趋势剧烈变化的地方，就要围绕这部分探讨其原因。在上述范例中，如图所示，A店铺出现持续增长，就应该确认是什么策略促使其持续增长。B店铺在5月份时曾经出现短期大幅增长，通过思考当时发生了什么状况，就能为制定对策提供参考。

思考的提示

是看时间序列，还是只看某个时间点？

运用时间序列分析法，主要是观察特定要素在时间轴上的变化。同时，也应重视在特定时间点上的各种要素之间的关系。例如，顺着时间序列观察本公司的分店数量的变化固然重要，但比较本公司在眼下时间点与同业竞争者的分店数量差异，也同样重要。“顺着时间序列”与“锁定某个特定时间点”这两种观察视点都是很重要的。

顺着时间序列观察

	2015	2016	2017	2018
本公司				
竞争对手A				
竞争对手B				

锁定某个时间点观察

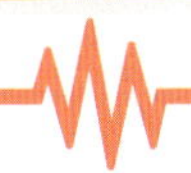

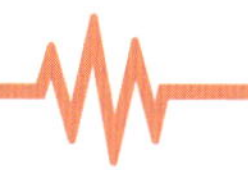

56 Why思考法（分析原因）

通过思考“为什么？”来深入探究问题的原因

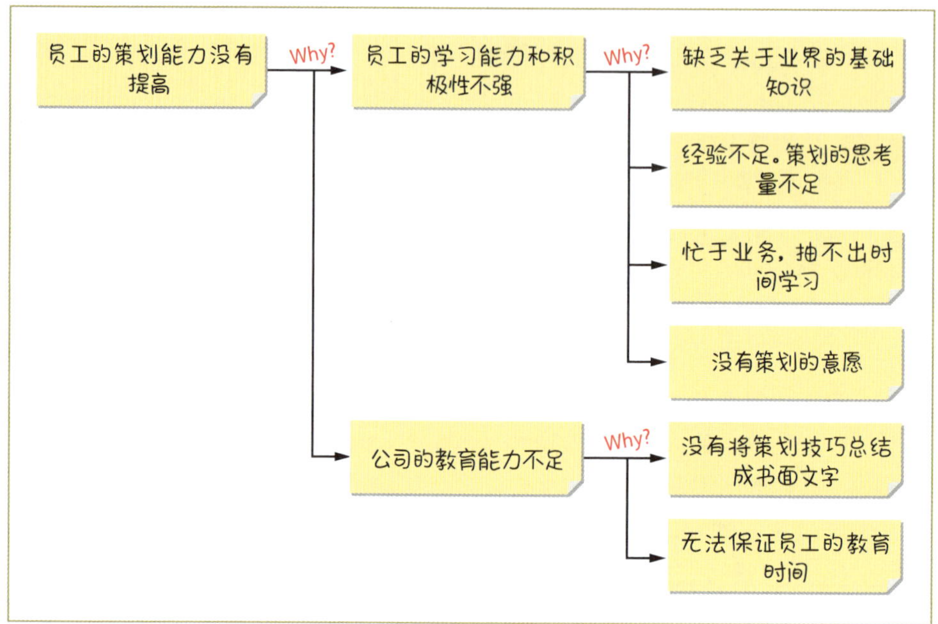

基本概念

第4章已经介绍过“Why思考法”（参照→ 35），本小节将说明如何运用这个方法来深入探究问题的原因。

很多时候，我们所发现的问题其实只是表面的问题（只是把握状况）。在这种状态下思考解决方案，往往是治标不治本。在思考解决方案时，应该深究问题的根本原因，这样才更有效果。

前文介绍过的Why思考法（探寻目的）也是追问Why的思考方法，但旨在“使目的明确化”。而本小节介绍的Why思考法（分析原因），则是为了“找出问题的原因”。也可以说，前者是对未来追问Why，后者是对过去追问Why。

思路

❶［设定问题］选出想要深入探讨的问题。在上述范例中，把“员工的策划能力没有提高”设定为问题，对此进行深入探讨。

❷［追问Why］对设定的问题追问“Why（为什么）”并写下各种可能的主要原因。

❸［进一步追问Why］针对在❷列出的原因，进一步追问Why，逐一进行深入思考。然后反复不断地追问Why，直到能排除该原因、能解决问题为止。丰田公司著名的“5个为什么”分析法，提倡应该反复追问5次Why。

补充 不可将问题原因归咎于某个人

在思考问题原因时，“归咎于某个人”的结论是徒劳无益的。如果将问题原因与某个人联系起来，就可能会因为受到偏见或情感影响而无视逻辑性，也可能会把后续对策推给当事人，使得解决方案沦为“抽象的空话”或“精神决定论”。请在结构、体系、规则、流程、业务内容等方面寻找问题原因，思考是否有改善空间。

❹［厘清整体关系］把握列出的内容的整体轮廓，厘清各种要素之间的关系以及上层概念与下层概念之间的关系。整理完毕后，再针对各个原因思考解决方案。

思考的提示

按What→Why→How的顺序进行思考

发现问题、探究原因、思考解决方案——这个流程其实就是按照“What→Why→How”的顺序，这样会有助于思考。也就是说，首先明确问题是什么（What），其次分析问题存在的原因（Why），最后思考解决方法（How）。在解决问题过程中，如果觉得思路不畅，请有意识地加以运用。

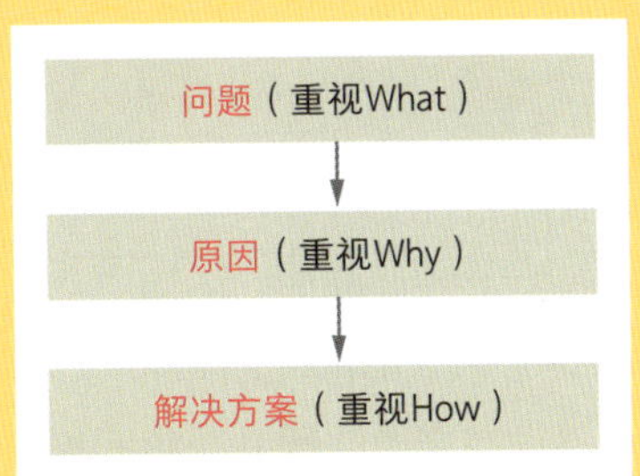

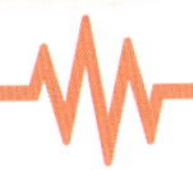

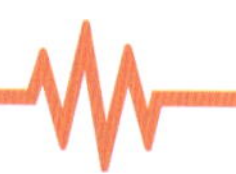

因果关系分析法

思考原因与结果的关系

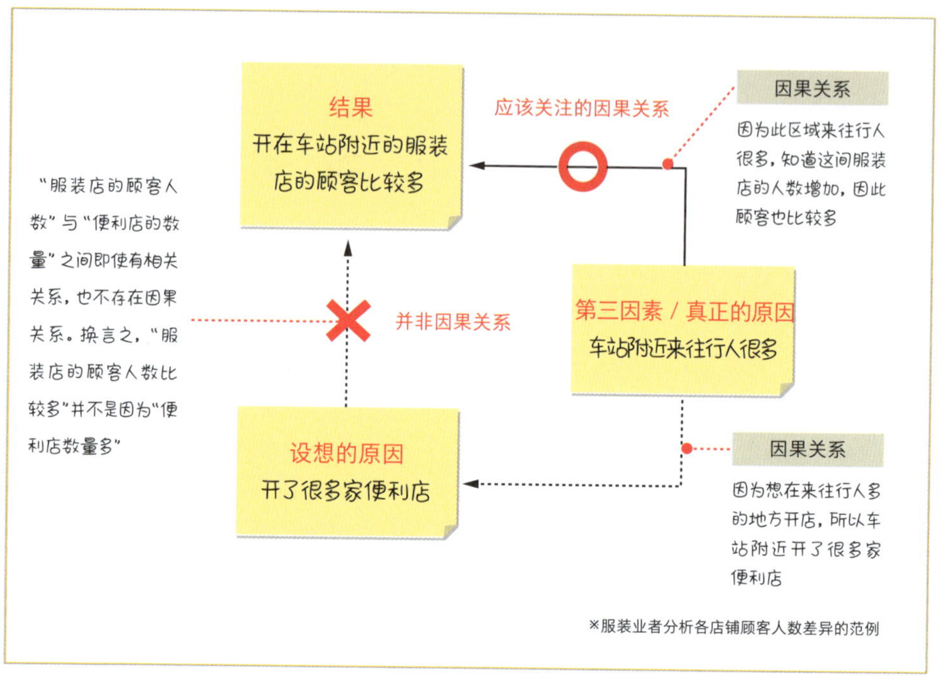

※服装业者分析各店铺顾客人数差异的范例

基本概念

两项事物中一项增加，另一项就会随之增加或减少——这种关系称为"相关关系"。其中，如果两者互为原因与结果的关系，则称为"因果关系"。也可用"因为A（原因），所以B（结果）"来表示。

例如，因为"打印机的设定错误"所以导致"浪费了打印费用"的结果，或因为"在黄金地段开店"所以带来"营业额增加"的结果，都属于因果关系。

只要能正确地把握问题的因果关系，就能想出正确的解决方案。请培养把握事物关系的思考力，提升分析问题的能力吧。

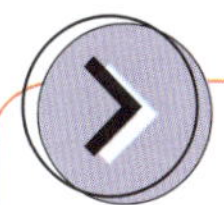

思路

❶ [列出可能的原因] 针对想要分析因果关系的对象，列出可能引起该结果的各种原因。在上述范例中，服装业者调查了各店铺的顾客人数后，发现车站附近店铺的顾客人数较多，于是对其原因进行分析。比较车站附近与其他区域的店铺，思考有什么差异。

❷ [整理因果关系] 参考下列“补充”中列举的条件，对照 ❶ 列出的备选原因与结果，整理出因果关系。在范例中，因为“车站附近来往行人很多”，所以出现“来店顾客人数较多”的结果。

补充 因果关系成立的三个条件

第一个条件是时间轴，也就是先有原因。第二个条件是存在相关关系。互为因果关系的事物必定存在相关关系。第三个条件是没有“第三因素”的存在。所谓第三因素，就是分别导致两件事情发生的共同原因。如果两者之间存在第三因素，就可能让人误以为两件事情有因果关系。在范例中，“顾客人数”和“便利店数量”虽然存在相关关系，但并非因果关系（存在着“车站附近来往行人很多”这个第三因素）。

❸ [思考对策] 在把握因果关系的基础上，思考达成目的的对策。在范例中，如果将来打算开店的话，并非以“便利店数量”为基准，而应该以“来往行人多”为基准进行选址。

思考的提示

了解因果关系的类型

因果关系有“A→B”这样的单向关系（右图上），也有循环关系（右图下）。关于循环的因果关系，将在下一小节深入介绍。很多问题都是错综复杂的互为因果关系而引起的。

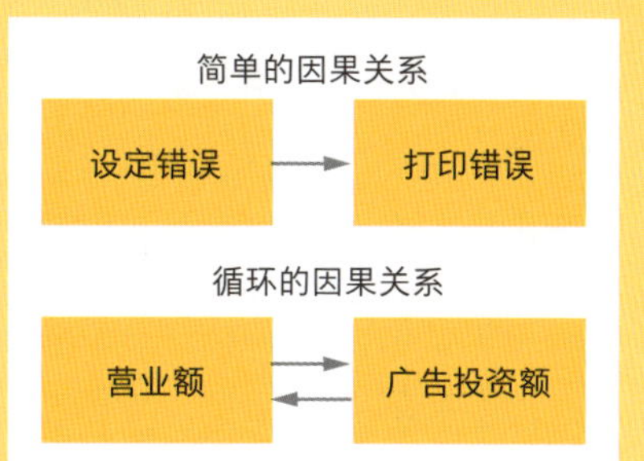

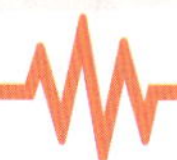

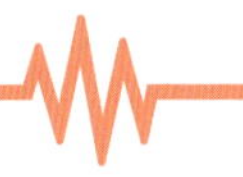

58 因果循环法

思考原因与结果的关系

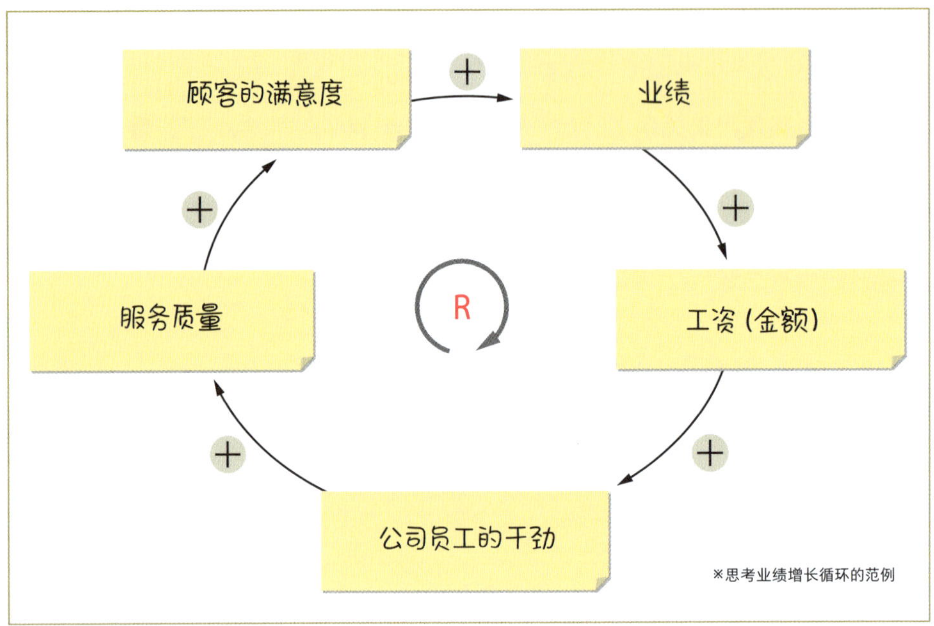

基本概念

所谓“因果循环”，是指事物的原因和结果不断循环的关系。例如，“鸡蛋的数量”和“鸡的数量”，只要一方增加，另一方也会增加，形成互为因果的关系。也就是说，“A（原因）→B（结果）”与“A（结果）←B（原因）”两者都成立。

因果循环可分为两种：促进事物变化的“增强型循环”，以及抑制变化、努力保持平衡的“平衡型循环”。无论商业问题还是社会问题，都是因为这些循环互相作用而产生的。使用范例这样的“因果循环图”，就能把形成问题的因素之间的关系视为一个整体结构，有助于理解。

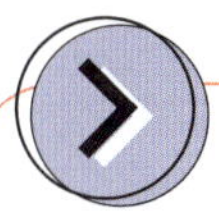

思路

❶ [思考变量之间的因果] 列出可能对事物产生影响的变量，尽量以“名词”表示。写出目前存在的问题、行动内容、作为目标的指标、资源等，然后思考其中的重要因素。

❷ [用图表示彼此关系] 把变量及其因果关系绘制成图。具体来说，是用箭头、加号、减号。“+”表示当原因增加时结果也随之增加（或者原因减少时结果也随之减少）的“相同”关系；“-”表示当原因增加时结果就减少（或者原因减少时结果就增加）的“相反”关系。在上述范例中，彼此关系都是“+”——当其中一个变量朝好的方向发展时，所有因素都会随之往好的方向发展；而当其中一个变量朝坏的方向发展时，就会产生恶性循环。当循环里的“-”符号数量为偶数（包含零）时，就称为“增强型循环”；为奇数时，则称为“平衡型循环”。前者是促进变化持续进行的增强型循环，用“R”符号表示（上图中央）；后者为抑制变化、保持平衡的循环，用“B”符号表示。

❸ [思考对策] 观察绘制完成的因果循环图，思考解决问题的方法。在上述范例的循环图中，当业绩下降而陷入恶性循环时，就必须采取办法斩断恶性循环，或使其转换为良性循环。以范例而言，就必须思考加入可以阻断循环的变量，例如重新思考能提高顾客满意度的市场营销策略，或除了工资以外的提高干劲的方法。关键是要事先把握：针对某特定因素实施的策略会对整体造成什么结果，防止只考虑局部因素。

思考的提示

平衡型循环的范例

上述范例的因果循环图属于增强型循环，而平衡型循环则可参考右图。请留意一下，自己周围的日常事物中存在着哪些循环。

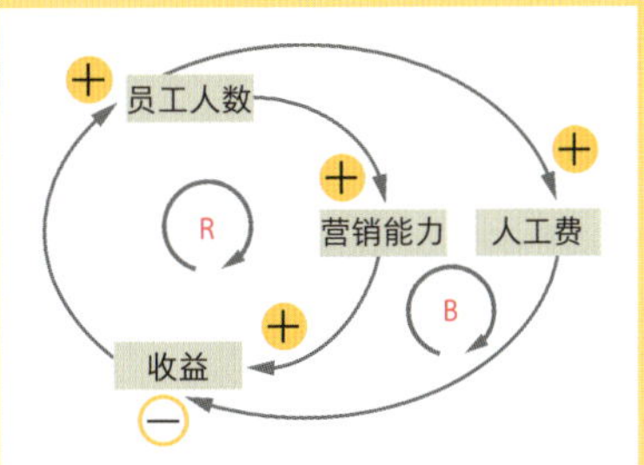

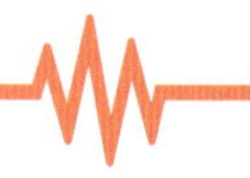

59 系统思考法

厘清各要素之间的复杂关系，把问题当作一个系统来理解

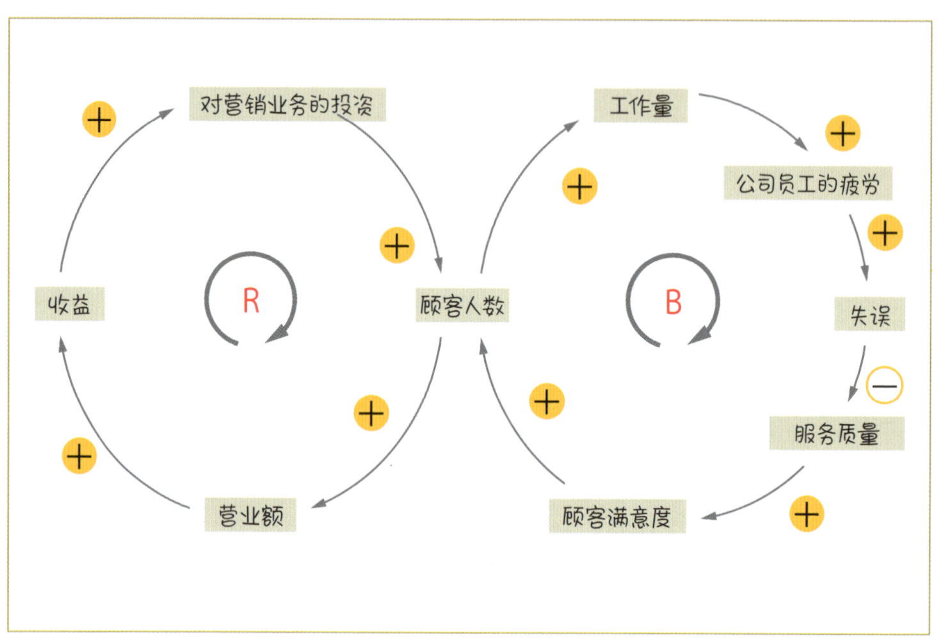

基本概念

所谓“系统思考法”，是把互相影响的要素视为一个系统，以此理解问题的结构并进行改善的思考方法。系统思考法的优点在于，不拘泥于局部的因果关系，而是能把握各要素之间的关系以及整体轮廓。不是只应付眼前的局部问题，而是把握发生问题的整体结构，从根本上解决问题。

例如，现在为了解决营业额下降的问题而加强营销业务。通过加强营销业务也许能增加顾客人数，但如果“员工的疲劳导致服务质量差”也是营业额下降的原因之一，那么加强营销业务很可能会适得其反。我们经常会遇到这样的状况，必须站在整体结构的高度去理解问题、制定解决方案。

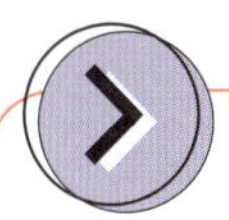

思路

❶［确认已发生的事件］仔细观察事件，把握事实。例如，现在遇到这样的难题——“每次顾客人数刚出现增长势头时，却因为各种失误而导致事业发展停滞。”这时就应该针对失误内容、当时的组织状态、相关人员、可能受影响的要素等方面收集信息。

❷［把固定模式可视化］回顾过去，思考从前是否也曾发生过同样的状况，把固定模式可视化。分析一下，每次发生问题前后是否存在类似的变化——公司发展停滞时发生了什么状况，例如：“增加了对营销业务的投资之后，工作量增加了，公司员工因为过于疲劳而使事业发展停滞。”

❸［对体系结构进行思考］为什么会形成❷的固定模式？思考对此造成影响的体系结构。思考各要素之间的关系，把因果关系可视化。运用因果循环图（参照→58）等方法，提出“此固定模式产生的原因在于体系结构”的假设，通过反复调查与对话加深理解。

❹［对心智模式进行思考］比起结构，“心智模式”（mental model）对系统的影响是更深层次的。对心智模式进行思考，把相关人员的价值观、信念、对事物的看法、意识以及潜意识里的前提转化为语言文字。

❺［思考解决方案］思考如何解决❸与❹的问题，以及如何改善整个系统的运作。

思考的提示

冰山模式

“冰山模式”提出者认为：我们看得见的事物只不过是冰山一角，在其底下存在着影响深远的体系结构与心智模式。

遇到问题时，不要采用条件反射式的处理方式，而应该通过反复对话弄清楚其深层原因，在此基础上理解问题并制定解决方案。

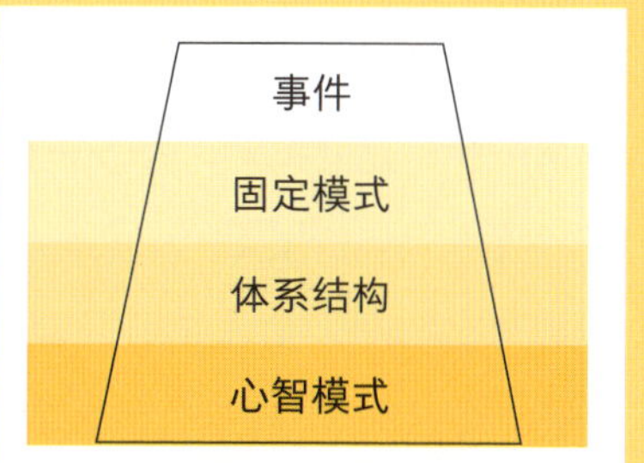

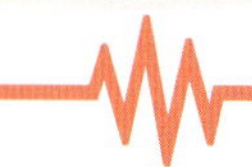

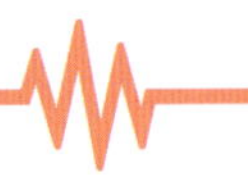

60 KJ法

整合零碎信息，激发新创意

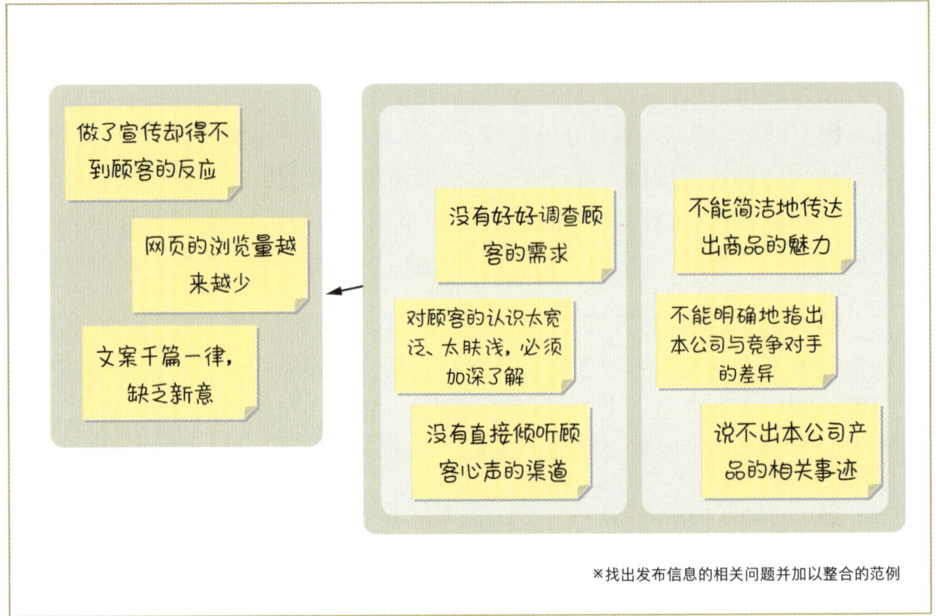

※找出发布信息的相关问题并加以整合的范例

基本概念

所谓“KJ法”，是把零碎的想法或信息联系起来并加以整合，以此把握思考对象的整体轮廓，有助于激发新的创意。KJ法适用于整理课题、创意构思等多种场合。“KJ”这个名称，源自其倡导者川喜田二郎（Kawakita Jiro）先生的姓名。

KJ法的步骤是这样的：首先把想法或信息等素材写在卡片上，加以分类。然后把各种类别的关系用图解或文字化呈现出来，厘清信息的整体结构。

KJ法除了适用于个人思考之外，也适用于多人共同讨论的场合。多人一起开展工作时，难免会出现意见不合或理解差异。而KJ法的关键，就是把这些差异灵活地运用到思考当中。

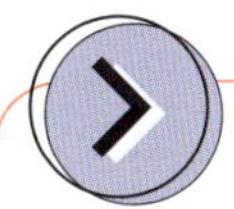

思路

❶［把信息记录在卡片上作为素材］收集有关课题或目标的信息。把收集到的数据、观察到的情形、通过访谈得到的信息、想到的点子、新发现等写在卡片上。

❷［进行分类］把内容或意思相近的卡片归为一类。仔细思考每张卡片的意义以及各种卡片的相似点，找到分类的切入点。如果有的卡片无法归入任何一类，可以单独放置，不必勉强归类。

❸［为每个类别起名］观察分门别类的卡片，思考各个类别各代表什么意义、想要表达些什么，为每个类别起名。

❹［图解各个类别之间的关系］考察各个类别之间的关系，用圆形或箭头绘制出各类别之间的关系图。另外，如果发现可以把多个类别组合成一个更大的类别，就重新按这个大类别进行分类。

❺［文字化］把图解后的内容转化为一段文字。有时候，如果想按逻辑进行解释，可能会出现难以自圆其说的情况。这时请重新审视图解的内容，思考为什么会解释不通。这样很有可能激发出新的创意。❹和❺是相辅相成的两个步骤——通过图解俯瞰相互关系，通过文字化提高精确度——在如此反复的过程中加深理解，获得新的发现。

思考的提示

思考异质素材的组合

KJ法的关键在于分类。但如果分类时拘泥于固有的知识和经验，那么这个方法的魅力就会大打折扣。我们需要思考：这些点子或信息有没有不同于以往的分类方法或意义？因此，除了在相似素材上寻找共同点之外，还要努力尝试发现异质素材之间的共同点。这点非常重要。

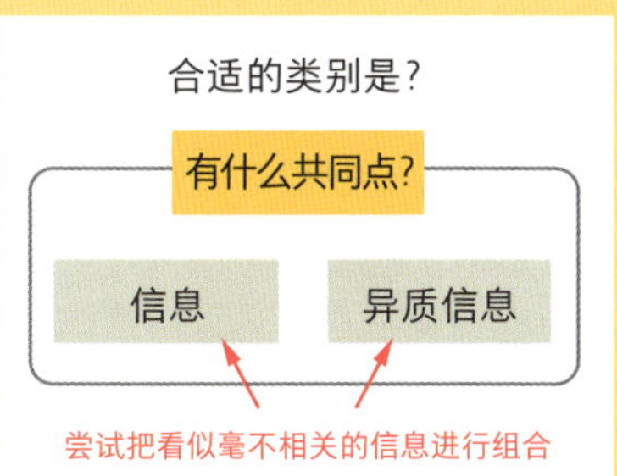

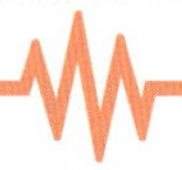

第5章的练习❶

本章里多次出现“假设”这个词。在解决问题的过程中，“假设”的思考方式非常重要。因此，本小节将进一步深入探讨运用假设的思考流程。假设思考法（参照→48）是先提出假设，然后在验证的过程中不断提高结论的质量。用推论的思维来看，就是不断重复“演绎→归纳→假设推论”的循环。

向谁提供什么价值

确认各种思考法的使用目的及其定位，针对自己实际面临的问题或课题，尝试在头脑中进行假设。首先要明确思考的目的——可能是发现问题、分析问题、考察原因、制定解决方案等。当然，思考目的也可以是找到市场营销策略的方向或新产品的创意。

针对已经设定的目的，先从手边的信息开始收集整理。根据平时积累的数据，或根据观察眼前状况所获取的信息来提出假设。

此时，最关键的就是如何把“信息”归纳整理成“假设”。这时可以运用假设推论法中的“解释性假设”。在对相关数据或观察结果进行“解释”的过程中，疑问或不明之处会变得明确起来，有助于形成假设、确定验证项目。“用演绎法进行具体化”，“用归纳法进行验证”——以

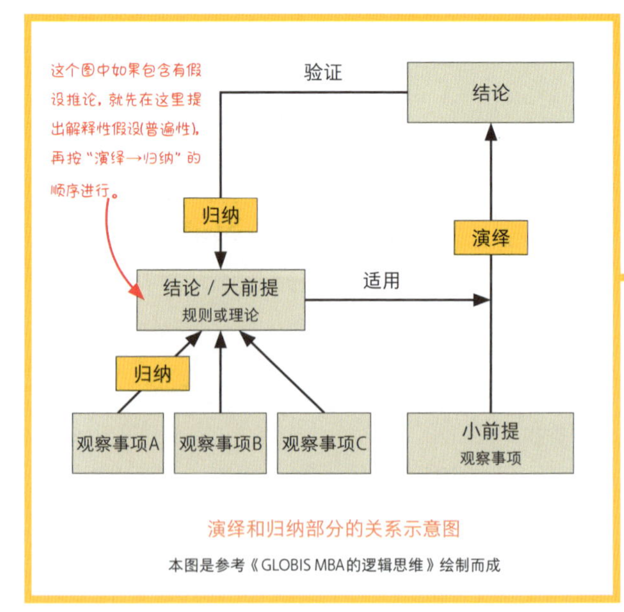

演绎和归纳部分的关系示意图

本图是参考《GLOBIS MBA的逻辑思维》绘制而成

此来确认假设是否正确，然后进行改善。此外，演绎和归纳像下图一样形成循环（a），获得验证结果后再思考更高层次的假设，使其形成更大的循环（b）。

针对广告效果不佳的原因提出假设

在以下范例中，“5人制足球场的经营者在重新装修后发现广告效果不佳”，因此反复进行假设验证，试图找出问题的原因。

步骤	内容	
设定目的	想找出店面装修后广告效果不佳的原因，并思考改善方案	
整理信息	店面装修之后，营业额处于持平状态，不见增长。算上装修费用，无异于亏损	
观察/形成假设（假设推论法）	店面装修以及网站风格改变之后，一部分老客户不再来光顾，这部分人数比预计的要多 可能是这个原因导致了营业额下降	
假设的具体化（演绎法）	如果这个假设是正确的话，那么应该是广告吸引来的新客户增加，而老客户来店次数减少 此外，听说老客户○○先生和△△先生也表达了不满	
	与假设一致	在X套餐和Y套餐的服务
验证假设（归纳法）	因为新客户一直在增加，所以广告应该还是有效果的。 另外，老客户来店次数减少。经过实际询问才知道，老客户觉得装修后不仅仅是氛围改变了，而且感觉很难像原来那样进行密切交流，这才导致很多老客户转移到其他运动中心去。所以，必须想办法留住老客户	先经过调查发现，老客户的光顾率其实是上升的。反而是新客户的增长率下降了。重新设计网站之后，运动中心给人的印象也有所改变，可能会让人觉得门槛变高了。如果是这样的话，就需要修改广告文案的风格

（a）（b）

针对改善服务项目提出假设

在以下范例中，某针灸诊所的服务项目改变后，营业额也发生了变化。诊所经营者想据此推出更完善的服务项目。

设定目的	想推出更完善的服务项目以增加营业额	
整理信息	在原有服务项目 A 套餐和 B 套餐的基础上，再增设更高价位的 C 套餐。结果，原有 B 套餐的营业额增加了。因此整体营业额也随之增加	
观察 / 形成假设 （假设推论法）	在此之前 B 套餐是最高价位的，但当增设更高价位的 C 套餐之后，B 套餐就会显得相对便宜，因此消费者就更愿意选择 B 套餐	
假设的具体化 （演绎法）	如果假设成立的话，那么其他服务项目 X 套餐和 Y 套餐也可以如法炮制——增设更高价位的套餐，就能使中等价位套餐的营业额实现增长	
	与假设一致	在X套餐和Y套餐的服务
验证假设 （归纳法）	在 X 套餐和 Y 套餐的服务项目中增设了更高价位的套餐，结果原有套餐的营业额果然增加了可见，假设是正确的。今后推出服务项目时，也应该在主打套餐之外增设一个更高价位的套餐	在 X 套餐和 Y 套餐的服务项目中增设了更高价位的套餐，结果营业额却没什么明显变化。可见，之前营业额的增长并不是因为服务项目设置方式，而可能是因为重新设计了服务项目表，能更好地传达出该项目的魅力。需要比较一下新旧服务项目表的差异

针对市场营销问题提出假设

在以下范例中，某网络资料制作服务公司想找出市场营销方面的问题点。

设定目的	想找出市场营销方面的问题点	
整理信息	听到有消费者反映说价格太贵。事实上，本公司的商品确实比市场行情贵	
观察 / 形成假设（假设推论法）	与本公司刚推出服务那时相比，现在多了许多竞争对手，其中有的还走低价格路线。可能越来越多的消费者货比三家之后，觉得本公司的价格太贵	
假设的具体化（演绎法）	调查竞争对手的价格策略。同时，在顾客满意度调查中询问关于价格的问题。走低价格路线的竞争对手应该比较受欢迎。另外，调查问卷应该会显示，顾客对本公司价格方面的满意度比较低	
	与假设一致	在X套餐和Y套餐的服务
验证假设（归纳法）	调查结果显示，市场行情确实降低了很多。事实上，即使是长期使用本公司服务的老顾客，对本公司价格的满意度也很低。另外，越来越多的竞争对手实行会员制项目（例如包年服务）。本公司需要重新审视价格方案	竞争对手的价格策略各不一样。本公司价格只比平均行情稍高一点。现在越来越多的竞争对手采取各种吸引顾客的措施，例如举办线下交流会经营网络媒体等。本公司光靠投放广告来吸引顾客，这恐怕是不够的。比起价格问题，培养潜在顾客才是需要优先处理的课题

第5章的练习❷

我们继续来做关于“验证假设”思考方式的练习。在前一小节中，我们主要着眼于演绎、归纳、假设推论等逻辑性的方面。而在本小节，则会从统计数据的思考方式来深入探讨验证假设。

探讨影响营业额的主要原因

例如，我们正在举行数据管理系统的促销方案讨论会，主要问题是新签约订单数太少。首先，为了明确具体的问题，我们根据手边信息，提出下图的（1）、（2）、（3）三个假设。根据假设来思考应该调查什么，然后收集数据，进行验证。

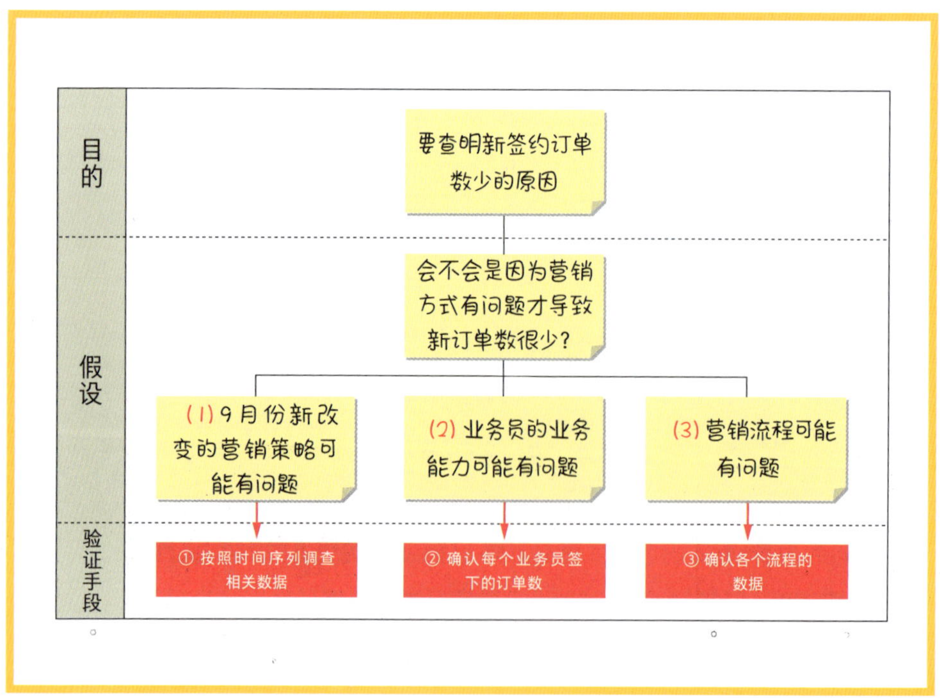

【切入点范例（1）】按照时间序列来整理数据

为了验证（1）“9月份新改变的营销策略可能有问题”这个假设的正确性，需要按照时间序列调查相关数据。调查结果显示，过去一年的新签约订单数如右图所示。

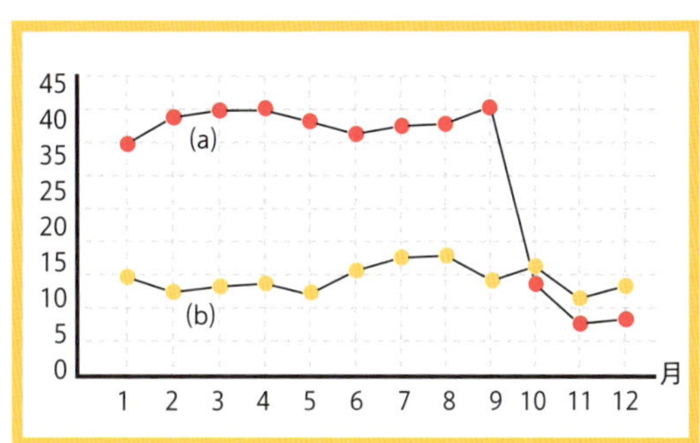

如果结果是曲线（a），新签约订单数从10月开始变少，由此推测很可能是因为受到9月份改变营销策略的影响。这种情况下，可以认为假设成立。然后再更进一步分析营销策略改变所带来的变化，制定改善方案。

如果结果是曲线（b），每月新签约订单数几乎持平，那就可以认为跟哪个时期没关系。也就是说，问题并不出在改变营销策略上，应该怀疑业务员的业务能力或营销流程等其他问题。

【切入点范例（2）】确认每个业务员的数据

接下来，我们来看看根据假设（2）收集数据。下图横轴为相关业务员，纵轴为全年的新签约订单数。这是为了确认不同业务员的能力是否对业绩造成影响。

整理出各个业务员的数据之后，结果显示，不同业务员的业绩确实有差异，因此可以推测可能是业务员与顾客的沟通能力不同所造成的，例如推销方法、促销手段等。可以比较签约订单数

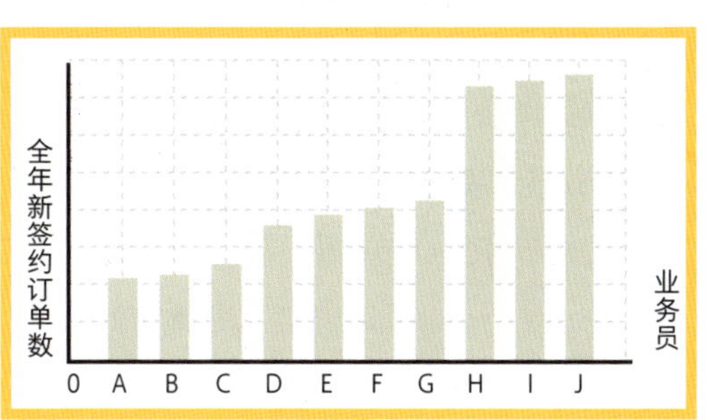

最多与最少的两名业务员的推销方法，以便从中获得提出下一个假设的启示。

但如果各个业务员的签约订单数呈平均分布的话，就说明并不是业务员的沟通能力的问题。因此，可以判断问题可能出在产品或工具等其他因素上。

【切入点范例（3）】确认各个流程的数据

现在来思考假设（3）。分解业务流程，然后运用漏斗分析法，整理出业绩最高与最低的员工数据。着眼于两者的差异，寻找有助于改善的线索。

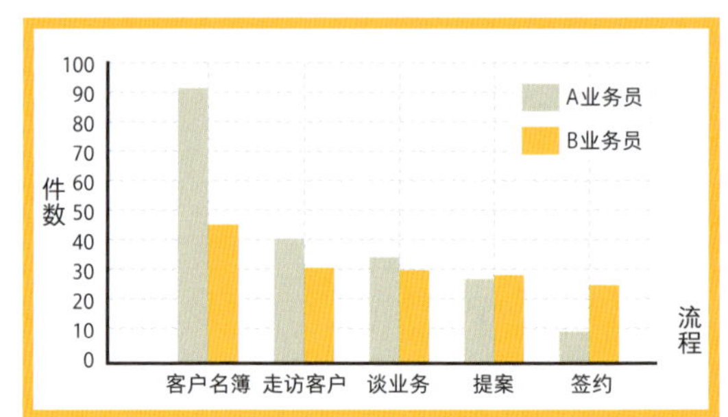

假设得到的结果如右图所示。业绩好与业绩差的员工在“客户名簿→走访客户”与“提案→签约”的环节之间拉开差距。如果在公司内部举办关于“提案”规范或视点的讲座，说不定可以提升公司整体的业绩。这样的话，就由一个假设形成下一个新的假设。

在这个范例中，为了方便比较而使用漏斗分析法。当然，也可以用一张图表呈现整体数值，再考察哪个环节有问题。

补充　确认是否与体验会的次数相关

也可以从“相关”的切入点来分析信息，虽然这不属于假设。例如，为了了解“服务体验会的次数是否会对新签约订单数产生影响”，就可以运用回归分析法（参照→54）的思考方式。

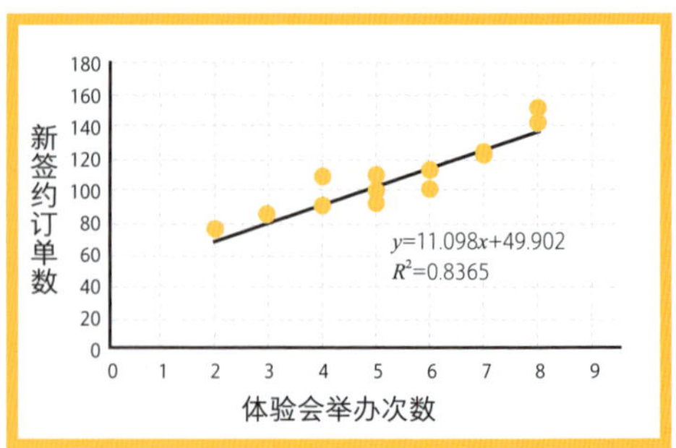

把“新签约订单数”视为目标变量，把“体验会举办次数”视为解释变量，整理出过去的数据。如果能显

示两者相关的话，就说明举办体验会很有意义。另外，通过求回归方程式可以推算出每举办一次体验会的预期新签约订单数，这有助于策划促销活动。此外，如果两者无相关，就可以认为目前这种体验会的效果很有限。

补充 确认客户属性

最后再提一点：可以通过分析老客户的数据，推测哪些人群是适合本公司服务的潜在客户。例如，弄清楚哪个行业的企业与本公司签约数最多，就有助于锁定推销的目标对象。

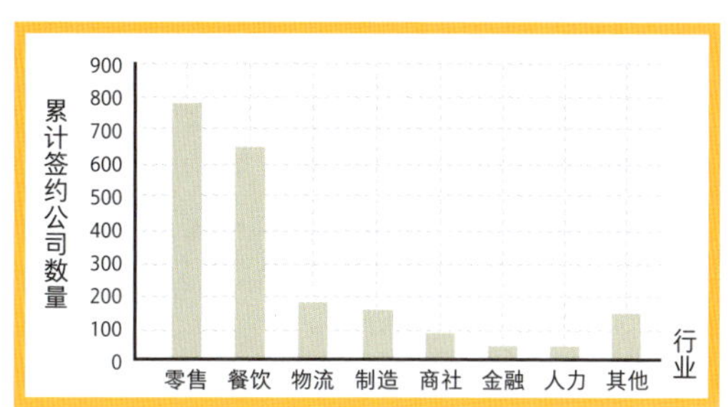

以"行业"作为横轴，以"累计签约公司数量"作为纵轴，制成图表，结果如上图所示。这样就可以推测：零售业与餐饮业是最有潜力的客户来源。继续深入探讨其背景，就能找到制定市场营销策略的启示。

对照客户数据，分析目前营销业务团队正在联系的企业类别，可以及时调整策略或采取其他行动。如果各行业的数据分布平均，则可进一步分析"企业规模"或"企业所在地区"等数据。

运用数据时的注意事项

运用数据的思考能力与统计式思考方式是每个人都希望掌握的利器。不过，在运用数据时也需要小心谨慎。本小节列举了5种切入点，除此之外还有无数种切入点。同时，数据解读方法也是五花八门。因此，最关键的是要明确地设定分析目的。

另外，数据基本上都是过去的信息，并不能保证将来如何如何。运用数据验证假设的正确性时，必须随时保持批判性的视点。

而且，正式分析相关关系或因果关系时，需要具备统计学或数据分析的专业技术与知识。本书并未提及具体的方法论，想深入了解的读者请参考统计学方面的教材。

专栏　定量数据、定性数据与假设验证

进行分析思考时，需要了解有两种信息处理方法——“定量”与“定性”。说得通俗易懂一些，两者的区别就在于“是否用数字表示的信息”。

分析定量数据以验证假设

所谓定量，就是能用数字表示的要素，包括营业额、顾客人数、价格、市场规模、广告费、增长率、员工人数、失误次数等在日常业务中很常见的数值。定量分析特别适用于用数值来验证假设的正确性。

例如，提出这么一个假设：“把包装从红色改成蓝色后，销量就会增加。”这时候，只需要比较不同包装的销量数据，就能验证假设的正确性。像这样，定量分析可以收集到基于数值的、明确的判断材料。不过，这是一种自己有意识地收集数值的分析方法，它并不会告诉我们应该测定哪些数值。这时候，运用定性数据的定性分析就能派上用场了。

分析定性数据以形成假设

所谓定性，是指无法用数字表示的意义、文脉、现场状况等性质方面的信息。例如，单价为100日元的圆珠笔卖出了1000支，那么“卖出1000支”就是定量数据。而卖出1000支圆珠笔背后的信息——比如说“一直就想买便宜的圆珠笔”“试写后觉得不错所以就买了”……这些就属于定性数据。

通过定性分析，可以弄清楚行动的原因或整个具体流程——而仅凭数字是无法得知的。通过观察行动或访谈，深入挖掘某个事件，由此形成假设。

尽管我上面说“定量分析用于验证假设”“定性分析用于形成假设”，但实际上两者的目的并非这么泾渭分明。

加速商业思考的框架一览

As is / To be

将理想状况（To be）与现状（As is）进行对比，思考应该如何消除落差。这里的落差其实就是“问题”，请合理地比较理想与现状，以此提升解决问题的质量。

As is	To be

6W2H

为了拓展思路而罗列出各种基本问题。“谁”“向谁”“做什么”“怎么做”“为什么”“什么时候”“在哪里”“价格多少”——运用这 8 个疑问词，对问题、课题、项目进行多角度的考察。

Who	Whom	What
How	对象	Why
When	Where	How much

可控 / 不可控

把问题分为“通过努力就能解决”与“自己无法解决”的两种类型进行思考。与其纠结于牵涉到宏观因素的问题，不如优先思考自己能改变的问题，这样更有助于解决问题。

可能	不可能

逻辑树

把事物分解后进行思考，全面地整理“整体”与“局部”的关系。用于明确问题点的“What树”“Where 树”，用于分析原因的“Why 树”，用于寻找解决方案的“How 树”……可以根据不同目的灵活运用。

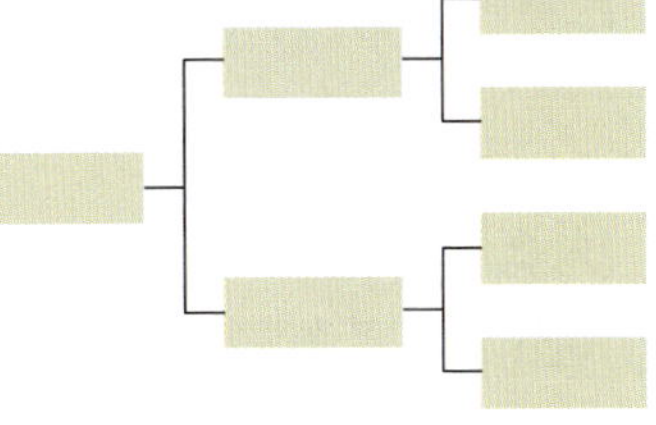

紧急性 / 重要性矩阵

用“紧急性”与“重要性”这两个评价标准来整理、探讨、决定事物的优先顺序。将整体轮廓可视化，这样有助于决定课题的优先顺序，而且还有助于思考各部分应该分配多少资源。

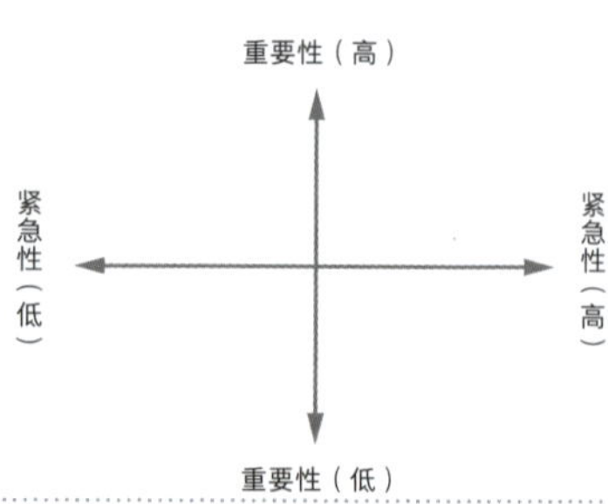

决策矩阵

在设定课题或构思创意时，对多个选项进行评价和选择的决策框架之一。其优点在于，可以根据与目的相应的评价项目——例如“紧急性”“可行性”“收益性”“未来性”等，对各个选项进行定量评价。

选项	项目1	项目2	项目3	合计
A				
B				
C				

PEST 分析

用于思考影响事业的“大环境因素”。通过分析“政治”“经济”“社会”“技术”这 4 个因素的相关变量，描绘未来的蓝图，以供制定策略和设计对策时参考。

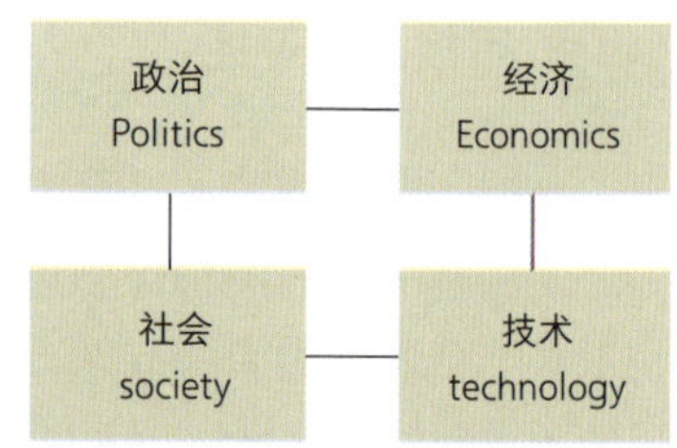

08 五力分析

以“买方议价能力”“卖方议价能力”“业内竞争”“新进入者的威胁”“替代品的威胁”这 5 种因素作为切入点，理解业界的竞争结构。有助于把握自身事业的竞争环境，分析即将投入的市场。

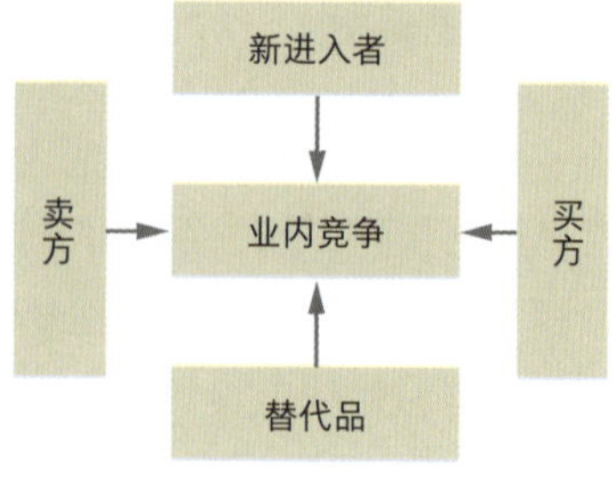

SWOT 分析

分析自己公司环境，把握其优势与弱点。以“良性影响 ⇆ 恶性影响”“内部环境 ⇆ 外部环境”为双轴，对“优势（Strength）”“弱点（Weakness）”“机会（Opportunities）”“威胁（Threats）”进行分析。

	良性影响	恶性影响
内部	优势（S）	弱点（W）
外部	机会（O）	威胁（T）

帕累托分析

像“顾客与营业额的关系”“业务员与签约金额的关系”这种由少数人（或因素）影响整体大部分的现象，称为“帕累托法则”。运用这个思考方式，确定哪个因素贡献度最高，思考如何分配资源。

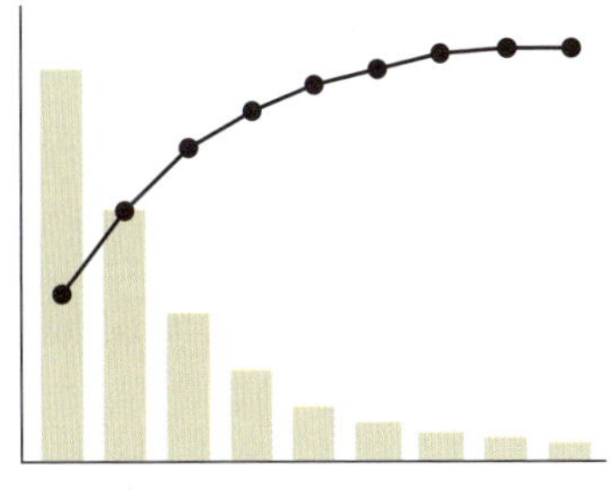

共感地图

有助于理解顾客所处状况与心情的分析手法。通过观察顾客在现场的所见所闻、感想、期待、痛苦，以此理解顾客的心情。

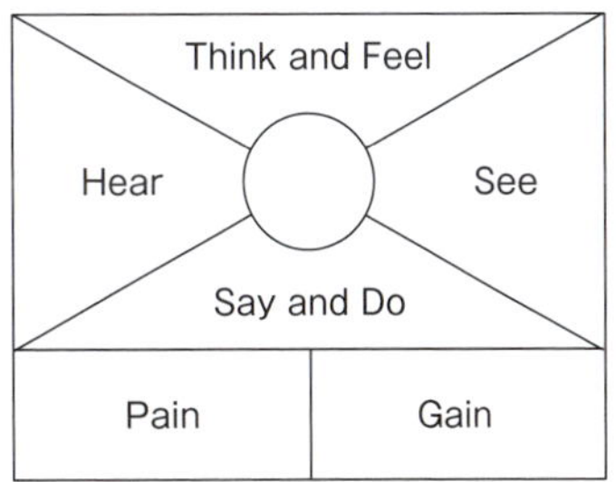

4P 分析

从“产品”“价格”“流通”“促销”这 4 个要素思考市场营销策略。适用于讨论产品投入目标市场的方法以及设计沟通策略。

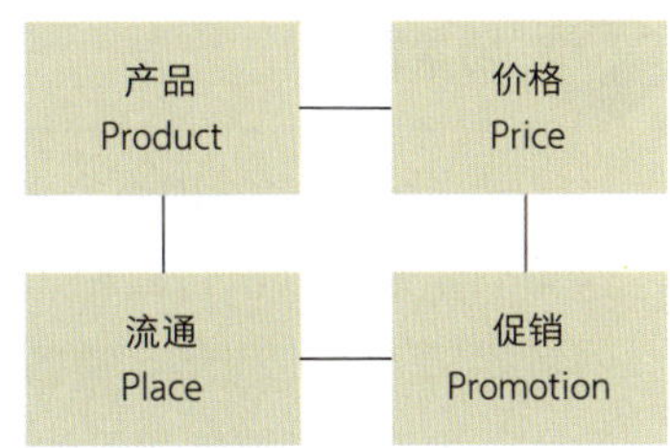

价值链分析

将企业向顾客提供价值的整个流程可视化的框架。把活动分为直接向客户提供价值的“主要活动”以及辅助主要活动的“辅助活动”，由此进行分析和改善。

整体管理
人事管理
技术开发
采购活动
辅助活动
采购物流
制造
出货物流
销售
服务

曼陀罗九宫格

把设定好的主题写在九宫格的中央，再把从主题联想到的创意或关键词写在周围格子里，以放射状方式拓展创意。除了创意构思之外，还适用于设定目标。

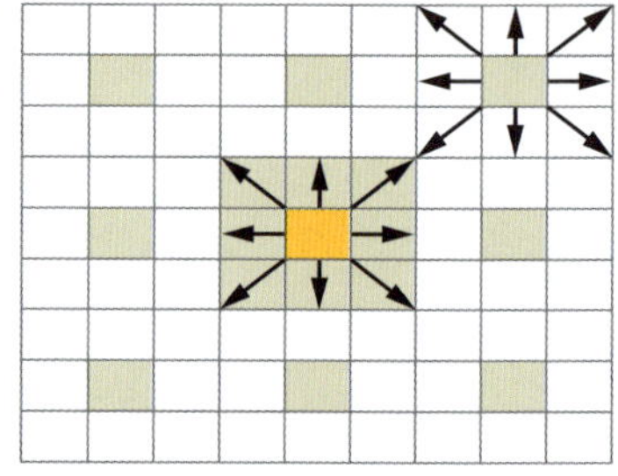

形态分析法

分析构成主题的变量，把各个变量的要素分散再重组，以此激发创意。在研发产品等需要发挥创意的时候，这个方法有助于全面地寻找创意的切入点。

	变量	变量	变量
要素			
要素			
要素			

场景图

把“谁”“什么时候”“在哪里”“做什么”这4个要素加以组合，构思故事，以寻找激发创意的切入点。列出各种备选的要素，通过新组合方式来突破惯性思维的束缚。

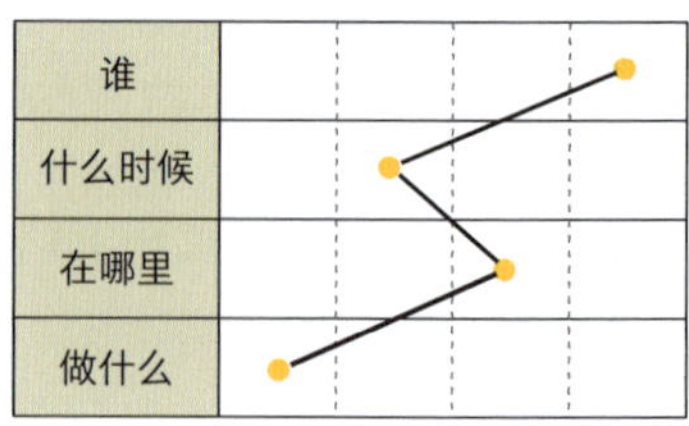

奥斯本检核表

整合了适用于构思创意的9个问题。运用“其他用途”“借用”“改变”“扩大”“缩小”“代用”“重新调整”“颠倒”“组合”这9个切入点来完善现有的创意。

主题		
其他用途	借用	改变
扩大	缩小	代用
重新调整	颠倒	组合

优缺点表

对需要做决策的主题的赞成意见（Pros）和反对意见（Cons）进行归纳整理，以提高决策的精确度。通过客观地审视正反两方的观点，做出不受主观意识或现场氛围影响的判断。

赞成意见	反对意见

SUCCESs

能打动人心、引起共鸣的创意具有什么共同点呢？用6个切入点来把握这些共同点：“单纯”“意外性”“具体”“可信”“情感”“故事性”。

单纯 Simple	意外性 Unexpected
具体 Concrete	可信 Credible
情感 Emotional	故事性 Story

报酬矩阵

以“效果”和“可行性”这两个变量来定位创意，有助于选择行之有效的创意。可以通过俯瞰整体来整理创意，也适用于在有所缺漏的领域中激发创意。

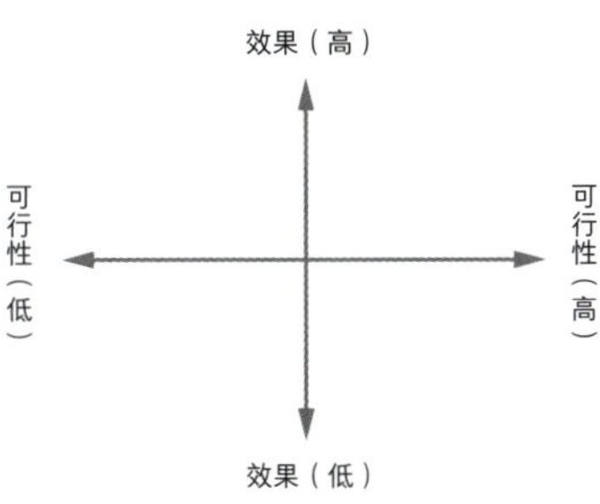

产品组合矩阵

以“市场增长率”与“相对市场占有率”为双轴构成矩阵，以此分析自己公司的事业以及设计策略。明确区分收益事业与投资事业，考虑把资源投在什么地方最有效果。

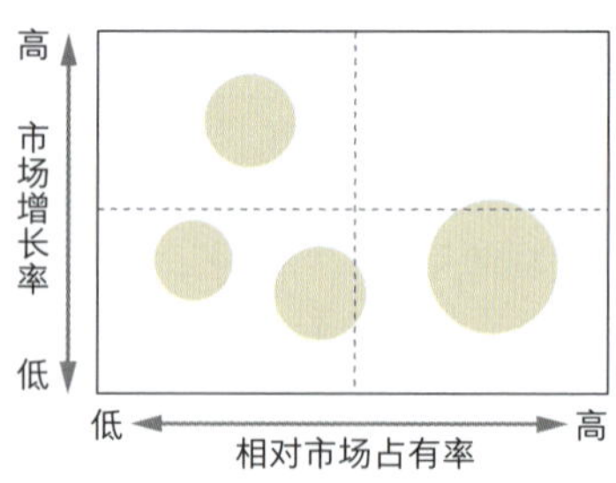

安索夫矩阵

以“现有”和“新设”为双轴，对“市场（顾客）”与“产品”进行分类，探讨各部分的事业发展策略。主要的策略方向有“市场渗透”“新产品开发”“新市场开拓”“多样化”这4种。

		产品	
		现有	新设
市场	现有	市场渗透	新产品开发
	新设	新市场开拓	多样化

交叉 SWOT

运用SWOT分析得知自己公司的“优势”（S）、“弱点”（W）、“机会”（O）、“威胁”（T），以此为轴思考新的策略。扬长避短，可以“机会”×“威胁”相乘来思考。

	优势	弱点
机会	策略1	策略2
威胁	策略3	策略4

AIDMA

把消费者的购买流程可视化，分为“认知”“兴趣”“购买欲”“记忆”“购买（行动）”这5个阶段，分别设计各个阶段与顾客的沟通策略。

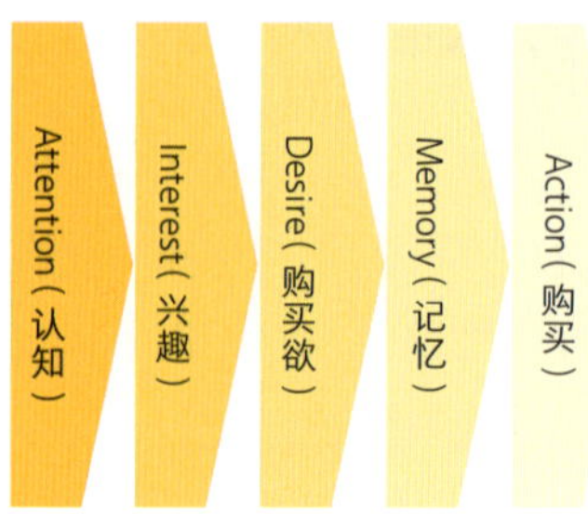

路线图

可显示出在达成目标之前必经步骤的进度表（计划表）。通过制作路线图，有助于确定并分享长期计划，把握事业的发展方向。

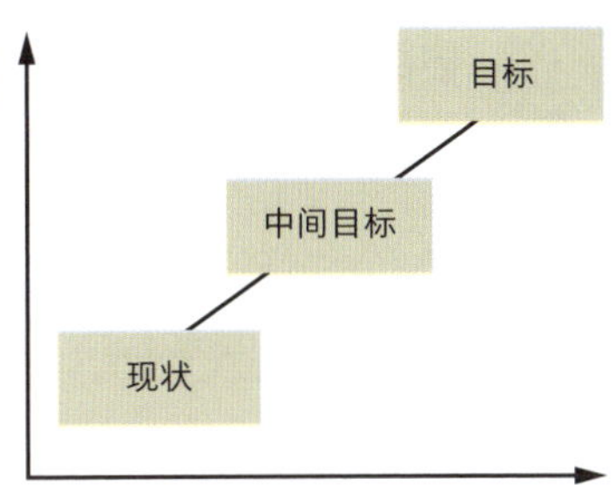

26 KPI树状图

以KGI（Key Goal Indicator：关键目标指标）为顶点，把目标分解为KPI（Key Performance Indicator：关键绩效指标），制作成树状图。通过可视化，有助于明确在实施业务时应该按哪些指标进行评价和改善。

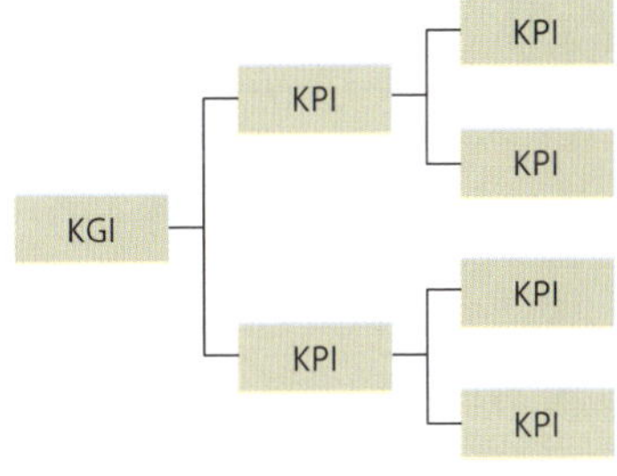

AARRR

把从“获得顾客”到“获利”之间的过程分为5个阶段，设定适合各阶段的KPI并进行假设验证。具体而言，分为“获得”“激活”“保持”“介绍”“获利”这5个阶段。

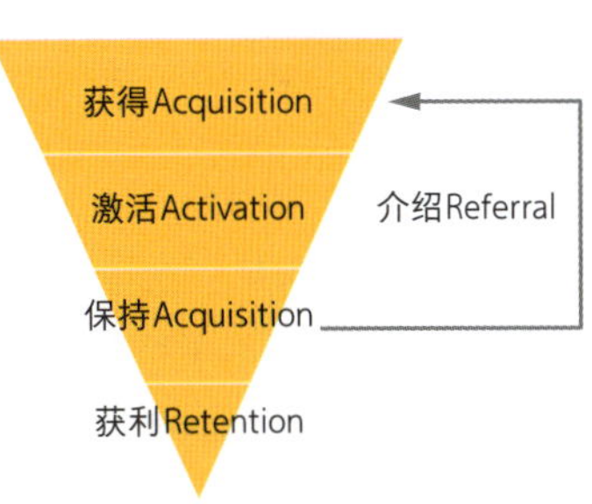

SMART

把“提高目标设定质量”所需的视点进行整合。从“是否具体”“是否可测”“是否可能实现”“是否与成果相关”“是否有期限”这5个因素进行确认，以此提高目标的精确度。

是否具体	Specific
是否可测	Measurable
是否可能实现	Achievable
是否与成果相关	Result-based
是否有期限	Time-bound

29 使命 · 愿景 · 价值

这个框架是用来定义某个组织存在的“使命”（Mission）、“愿景”（Vision）及其所注重的“价值”（Value）。有助于统一组织或个人前进的方向。

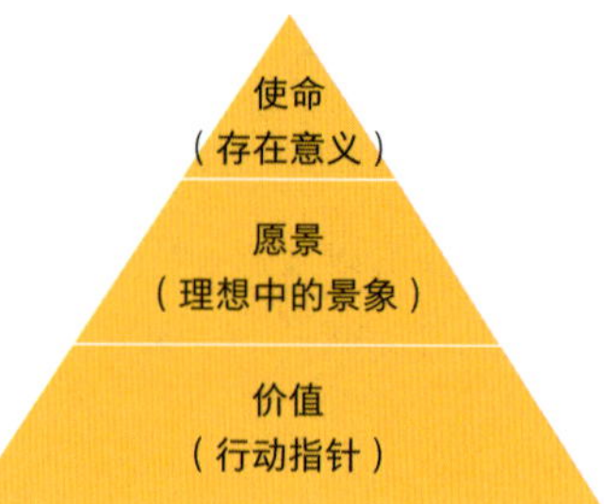

30 Will / Can / Must

通过“想做的事”（Will）、“能做的事”（Can）、“应该做的事”（Must）这 3 个要素重合的部分，找到最能让自己全身心投入的业务或活动领域。

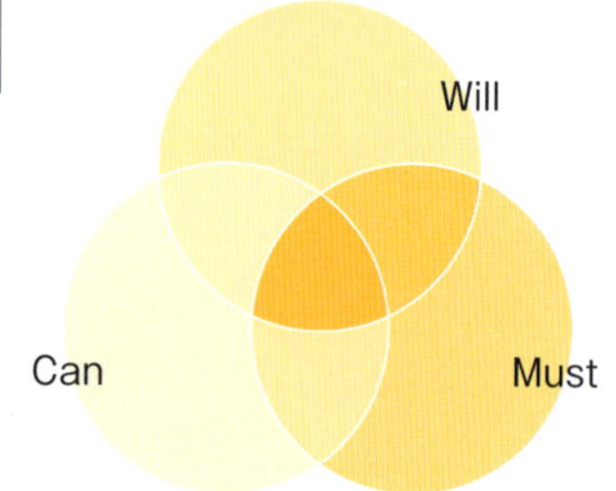

31 周哈里窗（Johari Window）

通过自我表露与他人回馈，有助于理解自己、理解别人以及相互理解。通过深入挖掘连自己和伙伴都不了解的“自我”，扩大认知，更有助于促进互相交流。

		自己	
		已知	未知
他人	已知		他人回馈
	未知	自我表露	

32 认知 / 行动循环

把认知与行动视为互相影响的循环，并把自己与别人在认知上的偏差可视化，以加深相互理解。意识到“彼此之间的认知是看不见而且具有偏差的”，由此促进互相关系。

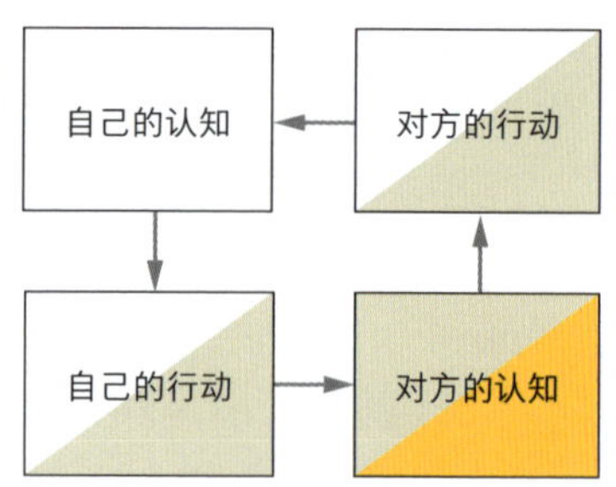

PM理论

以“达成目标功能”（Performance function）与“维持团队功能”（Maintenance function）作为评价指标，对领导能力进行思考。适用于设计团队成员培训方针以及组建团队。

维持团队	低	高
高	对方的行动	对方的行动
低	对方的行动	对方的行动

低　达成目标　高

激励保健理论

把影响工作满意度的因素分为两种——因为不满而使人消极的“保健因素”，以及因为得到满足而积极向上的“激励因素”。分别分析各种因素，思考对策。

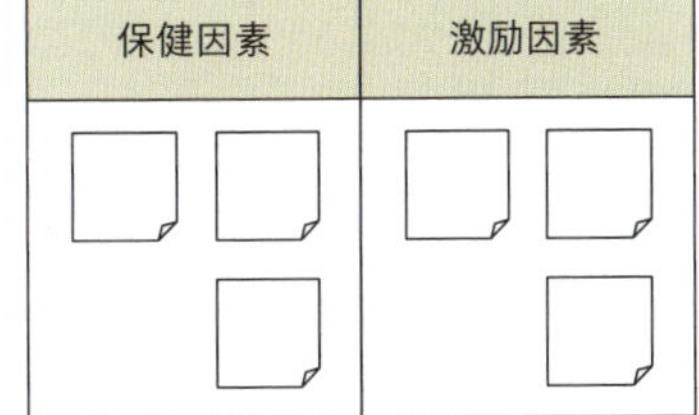

Will / Skill 矩阵

根据团队成员的意愿（Will）与能力（Skill）的综合指标，思考采取什么态度以及措施。根据意愿与能力的状况，可对其采取“委任”“指导”“刺激”“命令”这4种态度。

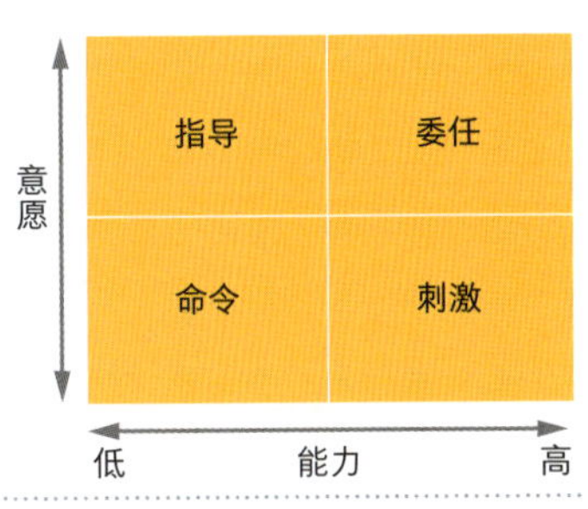

九宫格写作法

如何写出一篇好文章

ISBN：9787515361819
著　者：〔日〕山口拓朗
出版社：中国青年出版社
定　价：59.00元

- "写文章"不只是出于专业需要、学术需要，它已成为个人发展和日常交际必备的底层技能，大到策划案、小到外卖评价，都需要收集、整理素材，输出内容。本书提供的正是对这一技能的有效训练。
- 本书给出了简单、易操作且经实践有效的写作方法，九宫格就像充满趣味的填字游戏，激发人们"看到空格就想填满"的本能天性，帮助人们以简单的框架梳理繁杂的信息，应对各个场景下的写作需求。
- 作者山口拓朗是亚洲知名的商业撰稿人、畅销书作者，致力于实用类写作技能的研究和培训，聚焦生活场景中的应用文写作，并针对自媒体时代社交平台的特性分享了独到的写作方法。

写文章是你的痛点吗?

本书以独特的"九宫格"为框架，启发读者直面自己的观点和感受，收集素材、推敲文笔、巧用模板，逻辑清晰地将已知信息有效输出。

作者用积累了20余年的写作经验整合出一套科学有效的写作逻辑，为你消除"写不出来"的烦恼，用极简的方法提升个人极为重要的底层技能。

也许你是整日与邮件打交道的白领，也许你是急需优质文案的策划人，也许你只是想好好发个朋友圈的普通人……本书就是为你量身打造的"写作秘籍"，从此轻松应对日常场景下的写作需求。

现在，填满"九宫格"，升级你的写作技能!

如何写出一篇好文章

不动笔就能学会写文章的训练法

★ 写文章并不是作家的专权！

★ 生活中随时会需要写点东西，有的是长文，有的是短文，从邮件、文案到报告、调查，无所不包。

★ 这本书的神奇之处就在于，告诉我们一个写作的真谛：不动笔就能学会写文章。更重要的是，这一真谛可以通过训练来掌握。

ISBN：9787515356006
著　者：[日] 山口拓朗
出版社：中国青年出版社
定　价：49.00元

如何写出一篇好文章？

一篇文章的好坏，九成取决于动笔之前。

即便不是作家，或文字工作者，相信每个人都有枯坐在桌前，面对空白的Word文档苦苦思索的经验。

不管是Email、广告文案还是企划书，“写不出来”“不知该如何开始”“写的东西没办法说服人”……永远都是职场菜鸟、写作小白的噩梦。

本书并非专门写给“写手”——职业作家或记者看的，而是写给普通人的写作书。本书作者在成为日本写作高手之前，文章被批评为无趣、不具说服力、没有观点……差点失去了成为职业写作者的信心。通过不断思考何谓“好看的文章”，终于将“随便写写”上升到“写之前先准备”“思考过后再写”“写时思路清晰”……下笔必成的状态。

模板写作法

世界上最简单的写作课

亚洲知名商业撰稿人　畅销书作家

1972年生于日本鹿儿岛县，成长于神奈川县。曾在出版社担任编辑和记者，之后成为自由作家，20余年间采访超过3000人。

ISBN：9787515363394

著　者：（日）山口拓朗

出版社：中国青年出版社

定　价：49.00元

★ 日本写作大师山口拓朗20多年写作心法集成！

★ 写作极简速成法：将写作放到模板中，懒人也能写出好文章！

★ 勘破写作的秘密："列举型""故事型""结论优先型"三种有效且通俗流畅的写作模板，以及在三种基础模板的基础上组合得出的若干种"组合型"模板！

这是一本懒人必备的模板写作指导书。

"写点什么"是当代人无法摆脱的一大难题。

那么，写作难道没有章法可循？答案当然是"有"。

尤其对于实用文而言，写作的基本要求就是高效且清晰，对此模板便提供了有效的章法。日本著名的写作大师、畅销书作者山口拓朗基于20余年的写作经验，总结出了列举型、故事型、结论优先型三种基础的写作模板，并提供了基础之上的多种进阶组合模板，以实践有效的方法为你找到一条实现写作自由的"捷径"。

逻 辑 模 型

思考、表达、写作逻辑精进图鉴

ISBN：9787515361512
著　者：（日）西村克己
出版社：中国青年出版社
定　价：59.00元

是否常被人质疑“你到底想说什么?”

是否总面对如山的工作感觉无处下手?

是否自觉勤恳认真却总被埋怨不够高效、抓不住重点?

本书用生动的图解揭秘：问题的根本往往在于逻辑。

作者精选了思考逻辑、表达逻辑、写作逻辑等三个方面的提升方法，对比“有逻辑的人”和“无逻辑的人”在日常生活和工作中的巨大差别，帮助读者挖掘问题背后潜藏的“根本原因”。启发读者在有限的时间内优先选择更清晰、更全面、效果更突出的解决方案，提升问题解决力，更准确地表达自己的想法，提高话语说服力。

- **这是一本适用工作、生活多场景的实用逻辑训练手册。低效、混乱、无重点等问题的根本往往在于逻辑，普通人和精英的差距往往也是不同的行事逻辑造成的。本书提供了思考、表达、写作三个日常领域的基础逻辑模型，帮助读者修补自己的逻辑bug，提升问题解决力。**
- **图文并茂，可读性强。用生动的图解展示了无逻辑的后果和原因，在清晰梳理的基础上给出简单易行的改善方法，即学即用，改变即刻发生。**
- **尤其适合渴望升级转型的职场人士，好的逻辑是成人、成事、成功的基础，逻辑思维能力是成长必修的底层技能。**

西村克己

管理咨询师。1982年硕士毕业于东京工业大学经营工学专业，后就职于富士胶片株式会社。1990年进入日本综合研究所担任主任，担任企业经营顾问，负责员工培训与演讲等方面的工作。2003年任日本芝浦工业大学工学、管理学研究科教授，且在2008年担任客座教授。